西南地区木本蔬菜

王　澍　主编

中国林业出版社

图书在版编目(CIP)数据

西南地区木本蔬菜 / 王澍主编. －北京：中国林业出版社，2014.8
ISBN 978－7－5038－7608－0

Ⅰ. ①西… Ⅱ. ①王… Ⅲ. ①木本植物－蔬菜园艺－西南地区 Ⅳ. ①S63

中国版本图书馆 CIP 数据核字(2014)第 179080 号

出版 中国林业出版社(100009　北京西城区刘海胡同 7 号)
　　　E-mail liuxr. good@163. com　QQ　36132881
发行 中国林业出版社
印刷 北京北林印刷厂
版次 2014 年 8 月第 1 版
印次 2014 年 8 月第 1 次
开本 880mm×1230mm　1/32
印张 6. 25
字数 180 千字
定价 39. 00 元

《西南地区木本蔬菜》
编者名单

主　编　王　澍

副主编　樊国盛

编　者　（按姓氏笔画排列）

区　智　孙正海　芮　蕊　吴　田　林开文

屈　燕　杨自云　杨普秋　段晓梅　黄晓霞

彭建松

前　言

　　西南地区物种丰富，尤其木本蔬菜蕴藏量十分巨大。木本蔬菜多生长在山野、荒地，无污染或污染较少，素有"天然绿色食品的森林蔬菜"之美誉，是世界植物资源极其珍贵的部分，已成为人们重要的副食品之一。木本蔬菜天然营养成分丰富，可作为维生素和微量元素的补给源。同时，多数木本蔬菜本身就是药材，有明显的医疗保健作用。而且木本蔬菜生活力强，可调剂淡季蔬菜供应和增加蔬菜种类。

　　木本蔬菜亦称树菜，指人们餐桌上用以佐餐的野生或半野生木本植物，其食用部位包括根、嫩茎、叶、花、果和种子。随着人们生活水平的提高、膳食结构的改变以及保健意识的增强，木本蔬菜日益受到人们的青睐，其开发利用也具有极大的潜力和广阔的前景。

　　木本蔬菜的种类和食用部位是本书探考的重要内容，如何食用木本蔬菜，了解木本蔬菜的价值和掌握其栽培技术都具有十分重要的意义。本书介绍了西南地区主要木本蔬菜110余种，详细介绍了每种木本蔬菜的识别特征、生态习性、食用部位及食用方法、栽培技术和价值等，对林区林农致富及丰富大众美食、科学膳食具有一定的参考价值。

　　全书由王澍统稿。由于参编人员多为年轻教师，经验和知识的积累有限，因此本书的缺点和不足在所难免，我们真诚欢迎广大师生在阅读和使用过程中提出宝贵的批评和建议，以便在以后改进。

编 者

2014 年 5 月

目　录

概　述

（一）木本蔬菜的分类

广义的木本蔬菜亦称树菜，指人们餐桌上用以佐餐的野生或半野生木本植物，其食用部位包括芽、嫩茎、叶、花、果。狭义的木本蔬菜指的是为多年生的乔木或者灌木的木本植物。木本蔬菜多数生长于山野，其无污染、营养丰富、风味独特、多具有食疗保健功能。因此，野生树菜开发具有极大的潜力和广阔的前景。

据不完全统计，我国常见的木本蔬菜约有70余种，也有研究者认为有117种。其中还不包括野生油料、野果等其他可食性植物资源。由于各个地域民俗以及饮食文化的不同，可能导致对同一种木本蔬菜食用方法产生差异。根据西南地区人民生活和饮食的习惯，按木本蔬菜可供食用的部位和器官的不同，分为六大类。

（1）根菜类。以根或根茎作为蔬菜的食用部位，如木薯、葛藤、黄檀等。

（2）茎菜类。以幼茎和茎作为蔬菜的食用部位，如百里香、腊肠树、接骨木、南山藤、肉桂、麻竹等。

（3）叶菜类。以嫩叶作为蔬菜的食用部位，如鄂西清风藤、刺五加、树头菜、臭椿、香椿、栾树、刺桐、胡枝子、杜仲等。

（4）花菜类。以花、花蕾、花瓣、花苞作为蔬菜的食用部位，如大白杜鹃、合欢、蜡梅、白玉兰、桂花、栀子花、月季等。

（5）果菜类。以果实和幼嫩荚果作为蔬菜的食用部位，如八角、橄榄、女贞、扁核木、枸杞、辣椒、五味子等。

(6)种子菜类。以种子作为蔬菜的食用部位，如梧桐、板栗、高山栲等。

（二）木本蔬菜的食用方法

木本蔬菜多生长在山林间，基本不受废水、废气、废渣等工业污染，同时在生产过程中也不使用农药、化肥、生长调节剂等化学物质，是"天然绿色食品"。大多数山区的人们保留着传统的食用和加工方法，随着野生木本蔬菜资源的开发，更多的加工方法也逐步被利用起来。

（1）生吃（调食）。已知无毒或具有美味的木本蔬菜，摘洗干净，用开水烫过后，即可加调味品生吃。这种吃法最好，可以保存蔬菜中各种营养元素。

（2）炒食。已知无毒或无不良口味的木本蔬菜，将嫩茎、芽、叶摘洗干净，切碎后即可炒食作菜。如竹笋、映山红、栀子花、刺槐花等，经整理、清洗、切碎后直接炒食或佐肉类、鸡蛋等炒食。

（3）蒸食。蒸食是将蔬菜（如榆钱、刺槐花等）洗净，拌面、蒸熟，再加熟油、盐、蒜调食；将菜与面混合、拌匀，蒸菜馍，也可做馅，如刺槐花、紫藤花、核桃雄花序调拌面粉及盐等蒸食的习惯。

（4）凉拌。已知无毒并具有柔嫩组织的木本蔬菜，用开水烫或煮开 3～5 min 后，将菜捞出，挤出汁液后，加入调味料凉拌吃。如野枸杞芽等经沸水浸泡后可做成凉菜。

（5）煮浸。这是在民间用得比较广泛的一种方法，对于一些具有苦涩味并可能具有轻微毒性的木本蔬菜都可采用这一方法。采取嫩茎、叶洗净后，在开水或盐水中煮 5～10min，然后捞出，在清水中浸泡数小时，并不时换水，浸泡时间随菜的苦味大小而定。将浸后的菜捞出后可以炒食，或与主食配合做馒头、窝窝头等。

（6）制干。民间将竹笋、香椿等挑选、整理、晒干或烘干后制干，如上等嫩竹笋干制称为"玉兰片"，为筵宴上的珍稀食品。同时笋干和干香椿，已形成了一定规模，并进入国内外市场。

（7）腌制。楤木芽、竹笋、香椿等均可腌制。与制干不同的是先稍用沸水杀死活细胞后，再加盐揉制晒干，以便远距离运销。

（8）制罐。将盐制的木本蔬菜经清洗整理、脱盐、护色、添汁、保鲜杀菌、检验等工序并装罐，其产品较好地保持了原有的成分、色泽和风味。如香椿、竹笋、龙牙楤木等罐制产品在国内外市场颇受青睐。

（三）木本蔬菜的价值

木本蔬菜多生长在山野、荒地，无污染或污染较少，是安全、卫生的食品。木本蔬菜生活力强，风味独特，同时天然营养成分丰富。即使在蔬菜栽培业较发达的现代，广大的农村、山区、草原或边远地区群众仍然采食和利用木本蔬菜，木本蔬菜已成为人们重要的副食品之一。

（1）观赏价值。许多木本蔬菜具有一定的观赏价值，以及园林绿化功能，如大白杜鹃花淡红色或白色，花梗淡绿色带紫红色，具有较高的观赏价值。特别是一些以花为食用部分的木本蔬菜，如海棠花、玫瑰、鸡蛋花、月季等。

（2）药用价值。多数木本蔬菜本身就是药材。如白鹃梅的根皮和树皮多用于腰骨酸痛，也具有益肝明目、提高人体免疫力、抗氧化等多种保健功能。刺五加的作用特点与人参基本相同，能调节机体。具有益精、祛风湿、壮筋骨、活血去瘀、健胃利尿等功能。木本蔬菜也是提供膳食纤维的很好来源，对预防直肠癌、糖尿病、冠心病等疾病很有好处。

（3）食用价值。木本蔬菜天然营养成分丰富，野味浓郁。木本蔬菜所含维生素 B_2、维生素 C、胡萝卜素含量一般均高于甚至远远超过同科同属的栽培蔬菜。同时，木本蔬菜中的微量元素如 K、Ca、Mg、P、Na、Fe、Mn、Zn、Cu 也十分丰富。另外，能提供大量的优质蛋白质和种类齐全的氨基酸。木本蔬菜含有特殊物质、有特殊用途，如刺五加含有刺五加苷，其能刺激精神和身体活力；地锦槭种子榨油，异叶梁王茶树的皮、枝、叶均可提取芳香油等。

（4）经济价值。多数木本蔬菜能为农民提供良好的经济效益。有研究表明种植栾树、刺楸、柳树的成本均高于玉米，分别是玉米的3.88、10.19、2.91倍，但获得的净收益高低依次是刺楸＞栾树＞柳树＞玉米。且种植后通过一定管护，就可多年采收利用，经济价值进一步的提高。

（四）木本蔬菜的发展

存在问题：

（1）木本蔬菜长期处于野生状态，多生长在山区，资源分布分散，产量较低。人们一旦发现其利用价值，根据市场需求在木本蔬菜生长集中的山区进行毁灭式采摘和掠夺式开发，导致资源减少，质量下降，经济效益低，再生产困难，制约木本蔬菜的开放和利用。

（2）综合利用程度低，精深加工力度不够。目前我国木本蔬菜较大规模的开发利用仅局限于少数种类的局部器官，产品的技术含量较低、加工水平低、设备落后、产品档次不高、类型单一，而且加工多是干制、盐渍和罐制，另外，对其生理活性物质等高科技、高附加值的研究和加工产品也较少。

（3）缺乏规模化人工栽培，栽培品种单一。木本蔬菜由于分布分散和种类较多，人们对其育种、管理、采收、贮运、包装、保鲜、系列食品的加工以及市场需求都处于摸索阶段，未形成规模化，这就制约了木本蔬菜的大规模人工种植，大量的木本蔬菜资源得不到利用。

发展前景：

（1）加强科学研究，组织力量摸清我国木本蔬菜资源的数量、质量、分布、开发利用现状，建立木本蔬菜资源信息系统，为我国木本蔬菜资源的合理开发利用与保护提供科学依据。

（2）开展木本蔬菜栽培技术、引种驯化、育种、生理生化、营养学、药用成分等方面的研究，为木本蔬菜的保护和开发利用提供理论基础。

（3）提高木本蔬菜加工水平，搞好深度加工利用。我国木本蔬菜资源丰富，根据市场需要，选择种植面积大、市场销售路好，着重开发特色木本蔬菜的的深加工产品。使产品系列化、多样化，发展野菜汁、罐头、野菜干品、速冻菜、菜粉等，提高加工工艺技术水平，保持原料的色、香、味和营养成分，改进包装，提高加工产品档次。

（4）合理开发、提高木本蔬菜利用率。在开发利用木本蔬菜资源的同时，要做到保护和发展资源并举。要有计划、有步骤地开发利用，避免造成资源的枯竭，使资源能够休养生息，持续发展。木本蔬菜多分布于农村山区，具有季节性、分散性和耐贮性差的特点，因此要因地制宜就近建立野菜加工厂，最大限度地提高原料的利用率，提高生产效益。

一、根 篇

1. 木 薯

【学名】*Manihot esculenta* Crantz

【别名】木番薯、树薯。

【科属】大戟科 Euphorbiaceae 木薯属 *Manihot*。

【识别特征】直立灌木，高1.5~3m；块根圆柱状。叶纸质，轮廓近圆形，掌状深裂几达基部，裂片3~7片，倒披针形至狭椭圆形，顶端渐尖，全缘，侧脉(5~)7~15条；稍盾状着生，具不明显细棱；托叶三角状披针形，全缘或具1~2条刚毛状细裂。圆锥花序顶生或腋生，苞片条状披针形；花萼带紫红色且有白粉霜；雄花：裂片长卵形，近等大，内面被毛；花药顶部被白色短毛；雌花：裂片长圆状披针形，宽约3mm；子房卵形，具6条纵棱，柱头外弯，摺扇状。蒴果椭圆状，表面粗糙，具6条狭而波状纵翅；少数具3棱，种皮硬壳质，具斑纹，光滑。花期9~11月。

【生长习性】

气候条件：平均温度18℃以上。最适年平均气温27℃左右，日平均温差6~7℃。

土壤条件：土壤pH值3.8~8.0，山地、平原均可种植，适于生长在阳光充足，土层深厚，排水良好的土地上。

海拔条件：海拔2000m以下的热带和亚热带地区。

分布地点：原产巴西，现全世界热带地区广泛栽培。我国福建、台湾、广东、海南、广西、贵州及云南等地有栽培，偶有逸为野生。

【食用部位及食用方法】根。漂浸处理后方可食用。在中国主要用作饲料和提取淀粉。木薯淀粉可制酒精、果糖、葡萄糖、麦芽糖、味精、啤酒、面包、饼干、虾片、粉丝、酱料等。还可与面粉、食用油、柠檬、蜂蜜、葡萄等食材搭配做木薯糕、水果羹。也可油炸、炒食。

【栽培技术】

繁殖方法：种子繁殖。种植方式有平放、斜插和直插。一般植 1.2 万 ~ 1.5 万株/hm² 为宜，最密不宜超过 2.4 万株/hm²。种植株行距多为 1.0m × 0.8m 和 0.8m × 0.8m。

土壤要求：在种植前 1 个月，应进行深耕深松和晒地，以促进风化，使土层深厚疏松，有利于木薯生长和块根膨大。

植株管理：栽植后，20 ~ 30 天之间要及时补苗，以利于保证全苗。齐苗后，苗高达到 15 ~ 20cm 时进行间苗，每穴留苗数以 1 ~ 2 根为好。植后 3 个月可采取中耕除草的措施，从而提高木薯产量。

肥水管理：木薯对氮、磷、钾的要求最高，其次是钙和镁。原则是施足基肥、合理追肥和氮、磷、钾肥配合施用。三要素的施用比例以氮∶磷∶钾 = 5∶1∶8 为佳。

采收：春天种植，在秋冬进行收获，种植管理要求精细，以获得高产。

【价值】富含淀粉。可做塑料纤维、塑料薄膜、树脂、涂料、胶粘剂等化工产品。作为饲料，木薯粗粉可代替所有谷类成分，与大豆粗粉配成禽畜饲料，为一种高能量的饲料成分。

2. 葛 藤

【学名】*Argyreia seguinii*

【别名】白花银背藤、山牡丹。

【科属】旋花科 Convolvulaceae 银背藤属 *Argyreia*。

【识别特征】藤本，高达 3m，茎圆柱形，被短绒毛。叶互生，宽卵形，先端锐尖或渐尖，基部圆形或微心形，叶面无毛，背面被灰白色绒毛，侧脉多数，平行，在叶背面突起。聚伞花序腋生，总花梗短，密被灰白色绒毛；苞片明显，卵圆形，外面被绒毛，内面无毛，紫色；萼片狭长圆形，外面密被灰白色长柔毛，内萼片较小；花冠管状漏斗形，白色，外面被白色长柔毛，冠檐浅裂；雄蕊及花柱内藏，雄蕊着生于管下部，花丝短，花药箭形；子房无毛，花柱丝状，柱头头状。

【生长习性】

气候条件：喜温暖湿润的气候，喜生于阳光充足的阳坡，气温23～39℃，年降水量300mm以上的气候条件下生长。

土壤条件：以湿润和排水通畅的土壤为宜，常生长在草坡灌丛、疏林地及林缘等处，攀附于灌木或树上的生长最为茂盛。

海拔条件：海拔300～1500m。

分布地点：产贵州、广西及云南东南部。

【食用部位及食用方法】根。葛根磨粉，清水泡洗粟米一晚，第二天滤水取出，与葛粉同拌均匀，按常法煮粥，粥成后酌加调味品。或者葛根磨粉后先用凉开水适量调葛粉，再用沸水冲化葛粉，使之成晶莹透明状，加入桂花糖调拌均匀即成。

【栽培技术】

繁殖方法：①种子繁殖。将处理后的种子穴播。株、行距50cm×60cm，每穴播种4～5粒，覆土3～4cm。也可以将配制好的营养土装入营养钵，每个营养钵播入2～3粒处理后的种子，播后覆1～2cm厚的土，并用松针或干草覆盖，浇透水。②扦插繁殖。初冬采休眠枝沙埋，将芽节剪成长6～10cm的小段，按株行距15cm×20cm扦插。③压条繁殖。一般在生长旺盛的7～8月进行，选取藤蔓粗壮、节间短、叶片宽大、生长良好的健壮枝条作种苗，修剪去掉病弱枝条。

土壤要求：葛藤的育苗地应选择背风向阳，土层厚70cm以上，土质疏松肥沃，保水保肥性能强的细沙土、砂壤土和半沙半泥土，以中性土壤或微酸微碱土壤最好。育苗要求集中成片，苗地四周无荫蔽。

植株管理：幼苗期间的葛藤生长较慢，苗齐之后要进行中耕除草，之后每隔 10 ~ 15 天就要进行 1 次中耕除草。用种子直播的田地在第 2 次中耕除草的，同时进行间苗，每穴只保留 1 株，第 3 次中耕除草时定苗。在此期间，如果发现缺苗或死苗的应及时补栽。待茎长至 1.5m 左右时，就要摘除顶芽，以促进多分枝长叶。

肥水管理：当幼苗生长至 40cm 左右时，催苗可用尿素水喷洒，浓度为 0.4%，每 20 天喷洒 1 次，植株达到 1m 以上时则用磷钾肥追肥，每年追施 2 ~ 3 次。

【价值】葛藤是中医常用的祛风解表药之一。葛藤的茎皮纤维弹性好、拉力强、耐潮、耐腐蚀，葛藤纤维织成的高档衣料豪华美观、光亮柔软，其耐磨程度可与蚕丝相媲美，具有冬暖夏凉、清爽利汗、保健皮肤等功效。葛藤适应性强，耐干旱、瘠薄，从最后有效的降雨后，最少能维持 2 个月的青绿期，还有改良土壤作用。

3. 黄 檀

【学名】*Dalbergia hupeana*

【别名】不知春、望水檀、檀树、檀木、白檀。

【科属】蝶形花科 Papilionaceae 黄檀属 *Dalbergia*。

【识别特征】乔木，高 10 ~ 20m；树皮暗灰色，呈薄片状剥落。幼枝淡绿色，无毛。小叶 3 ~ 5 对，近革质，椭圆形至长圆状椭圆形，先端钝，或稍凹入，基部圆形或阔楔形，两面无毛，细脉隆起，上面有光泽。圆锥花序顶生或生于最上部的叶腋间，疏被锈色短柔毛；花密集，与花萼同疏被锈色柔毛；基生和副萼状小苞片卵形，被柔毛，脱落；花萼钟状，萼齿 5，上方 2 枚阔圆形，近合生，侧方的卵形，最下一枚披针形，长为其余 4 枚之倍；花冠白色或淡紫色，长倍于花萼，各瓣均具柄，旗瓣圆形，先端微缺，翼瓣倒卵形，龙骨瓣半月形，与翼瓣内侧均具耳；雄蕊 10，成 5 + 5 的二体；子房具短柄，除基部与子房柄外，无毛，胚珠 2 ~ 3 粒，花柱纤细，柱头小，头状。荚果长圆形或阔舌状，顶端急尖，基部渐狭成果颈，果瓣薄革质，对种子部分有网纹，有 1 ~ 2（ ~3）粒种子；种子肾形，花期 5 ~ 7 月。

【生长习性】

气候条件：喜光，耐干旱瘠薄，不择土壤。

土壤条件：在深厚湿润排水良好的土壤中生长较好，忌盐碱地。

海拔条件：海拔 600～1400m。

分布地点：产山东、江苏、安徽、浙江、江西、福建、湖北、湖南、广东、广西、四川、贵州、云南等地。生于山地林中或灌丛中、山沟溪旁及有小树林的坡地常见。

【食用部位】根。

【栽培技术】

繁殖方法：种子繁殖。

土壤要求：苗圃地应选择地形平坦，交通方便，有良好排水灌溉条件，土壤为砂质壤土，土层湿润，深厚肥沃，在干旱瘠瘠的土地也可以整地作床。

植株管理：种子播种后，要保持畦面有一定的水分，才能让种子正常生根发芽。除草一般在下雨天后或阴天时进行。苗木生长到10cm 左右时进行间苗，每米播种沟长可保留 6～7 株。

肥水管理：当苗木出土 10 天左右，可用 0.1% 的尿素水溶液喷洒。施肥后，为了使苗木不会受肥伤粗壮生长，再用清水喷洒一遍。随着苗木逐渐生长，苗木的木质化，施肥量可逐渐增加，4～8 月为速生期，每月追施氮肥 1～2 次，促使苗木能迅速生长，到 9 月以后停止施肥。1 年生苗木地径平均可达 1.5cm 左右，苗高平均 1.5m，即可截杆上山造林。

【价值】木材黄色或白色，材质坚密，能耐强力冲撞，常用作车轴、榨油机轴心、枪托、各种工具柄等；根药用，可治疗疮。黄檀木才也可做家具。

二、茎 篇

1. 百里香

【学名】*Thymus mongolicus* Ronn.

【别名】地花椒、山椒、山胡椒、地椒、麝香草。

【科属】唇形科 Labiatae 百里香属 *Thymus*。

【识别特征】半灌木。茎多数，匍匐或上升；不育枝从茎的末端或基部生出，匍匐或上升，被短柔毛；在花序下密被向下弯曲或稍平展的疏柔毛，下部毛变短而疏，具 2 ~ 4 叶对，基部有脱落的先出叶。叶为卵圆形，先端钝或稍锐尖，基部楔形或渐狭，全缘或稀有 1 ~ 2 对小锯齿，两面无毛，侧脉 2 ~ 3 对，在下面微突起，腺点多少有些明显，叶柄明显，靠下部的叶柄长约为叶片 1/2，在上部则较短；苞叶与叶同形，边缘在下部 1/3 具缘毛。花序头状，多花或少花，花具短梗。花萼管状钟形或狭钟形，下部被疏柔毛，上部近无毛，下唇较上唇长或与上唇近相等，上唇齿短，齿不超过上唇全长 1/3，三角形，具缘毛或无毛。花冠紫红、紫或淡紫、粉红色，被疏短柔毛，冠筒伸长，向上稍增大。小坚果近圆形或卵圆形，压扁状，光滑。花期 7 ~ 8 月。可食用，也可用作精油。

【生长习性】

气候条件：喜温暖、光照和干燥的环境。

海拔条件：生于多石山地、斜坡、山谷、山沟、路旁及杂草丛中，海拔 1100 ~ 3600m。

分布地点：产甘肃、陕西、青海、山西、河北、内蒙古等地。

【食用部位及食用方法】茎和叶片。可与其他芳香料混合成填馅，塞于鸡、鸭、鸽腔内烘烤；烹调鱼及肉类放少许百里香能去腥增鲜；做饭时放少许百里香粉末，饮酒时在酒里加几滴百里香汁液，能使饭味、酒味清香馥郁；可用作汤的调味料。

【栽培技术】

繁殖方法：①播种。在秋季和春季之间，选用泥炭为基质，加入20%的细砂，混匀，再加入5%~10%的腐熟有机肥即可进行撒播种子。②扦插。切取3~5节带顶芽的枝条扦插在直径为2cm的纸筒苗盘中。③压条和分株。直接使枝条接触地面，自动长出根系，直接切取就是独立的植株。

土壤要求：对土壤的要求不高，在排水良好的石灰质土壤中生长良好。

植株管理：适合生长温度是20~25℃，夏季适合在冷凉的地方栽培，秋季适合在日照充足的地方生长，栽培基质不需要太多的水分，掌握基质稍干后再浇水。

肥水管理：施用腐熟有机肥。浇水方面应小水勤浇为原则，要保持畦面或盘面湿润，同时，要清除杂草。采收后，要追肥，以尿素为佳。

采收：当主茎高40cm时，即可采收嫩茎叶。作为提炼芳香油栽培的百里香，采收前，一定不要浇水，否则，香味将失去很多，质量也会下降。

【价值】百里香全株可入药，气味甜而又似药草味，可治疗多种疾病。有温中散寒、健脾消食、祛风镇痛的功效。此外，百里香还有很高的观赏价值，可作花坛植物布置。

2. 杠　柳

【学名】*Periploca sepium* Bunge

【别名】羊奶条、山五加皮、香加皮、北五加皮。

【科属】萝摩科 Asclepiadaceae 杠柳属 *Periploca*。

【识别特征】落叶蔓性灌木，长可达 1.5m。主根圆柱状，外皮灰棕色，内皮浅黄色。具乳汁，除花外，全株无毛；茎皮灰褐色；小枝通常对生，有细条纹，具皮孔。叶卵状长圆形，顶端渐尖，基部楔形，叶面深绿色，叶背淡绿色；中脉在叶面扁平，在叶背微凸起，侧脉纤细，两面扁平，每边 20～25 条。聚伞花序腋生，着花数朵；花序梗和花梗柔弱；花萼裂片卵圆形，顶端钝，花萼内面基部有 10 个小腺体；花冠紫红色，辐状，花冠筒短，裂片长圆状披针形，中间加厚呈纺锤形，反折，内面被长柔毛，外面无毛；副花冠环状，10 裂，其中 5 裂延伸呈丝状，被短柔毛，顶端向内弯；雄蕊着生在副花冠内面，并与其合生，花药彼此粘连并包围着柱头，背面被长柔毛；心皮离生，无毛，每心皮有胚珠多个，柱头盘状凸起；花粉器匙形，四合花粉藏在载粉器内，粘盘粘连在柱头上。蓇葖果双生，圆柱状，无毛，具有纵条纹；种子长圆形，黑褐色，顶端具白色绢质种毛。花期5～6 月，果期 7～9 月。

【生长习性】

气候条件：阳性，耐寒，耐旱，耐瘠薄，喜光，耐阴。

土壤条件：干旱山坡、灌丛中、河滩、黄土丘陵、平原、丘陵山谷、山坡、田边、沙丘均能生长。

分布地点：分布于吉林、辽宁、内蒙古、河北、山东、山西、江苏、河南、江西、贵州、四川、陕西和甘肃等地。

【食用部位及食用方法】嫩茎、嫩叶。食用的嫩茎叶主要为枝端未展开的幼叶和幼嫩茎尖。食用时先把新鲜嫩茎叶煮烫，然后捞出置于凉水中浸泡。经处理的嫩茎叶主要做烩菜食用。在烹调上还用葱蒜类调料，或与牛羊肉搭配烹制。

【栽培技术】

繁殖方法：种子繁育、分株繁育、扦插繁育。种子繁育方法是杠柳大面积育苗所采用的主要方法。在播种前，为了促使种子提早出苗，可进行种子处理。用 40～50℃热水浸泡 4～5h，待种子膨胀后，并有部分种子微露白芽，便可捞出、控水、混沙，进行播种。

土壤要求：选择平坦、疏松、排水良好的砂质壤土地块设置苗圃。

植株管理：播种前要浇透底水，播种后撒播苗床每天喷水 2~4 次，条播 1~2 次，以保持苗床湿润，促进出苗，若在 5 月 10 日前后播种，7~10 天即可出苗。杠柳出苗后，要坚持喷水，幼苗出齐后可减少喷水次数，定苗时以 100~150 株/m² 为宜，同时视杂草情况进行除草松土 4~5 次，幼苗生长期可视干旱情况采用大水灌溉，以满足幼苗生长需水要求。

【价值】根皮、茎皮可药用，能祛风湿、壮筋骨强腰膝；治风湿关节炎、筋骨痛等。种子可以榨油；茎叶的乳汁含有弹性橡胶。杠柳植物体营养成分较丰富，粗脂肪、粗蛋白等营养成分较高。

3. 盐肤木

【学名】*Rhus chinensis* Mill

【别名】盐霜柏、盐酸木、敷烟树、蒲连盐、老公担盐、盐桑柏、五倍子树。

【科属】漆树科 Anacardiaceae 盐肤木属 *Rhus*。

【识别特征】落叶小乔木或灌木，高 2~10m；小枝棕褐色，被锈色柔毛，具圆形小皮孔。奇数羽状复叶有小叶(2~)3~6 对，叶轴具宽的叶状翅，小叶自下而上逐渐增大，叶轴和叶柄密被锈色柔毛；小叶多形，卵形或椭圆状卵形或长圆形，先端急尖，基部圆形，顶生小叶基部楔形，边缘具粗锯齿或圆齿，叶面暗绿色，叶背粉绿色，被白粉，叶面沿中脉疏被柔毛或近无毛，叶背被锈色柔毛，脉上较密，侧脉和细脉在叶面凹陷，在叶背突起；小叶无柄。圆锥花序宽大，多分枝，雌花序较短，密被锈色柔毛；苞片披针形，被微柔毛，小苞片极小，花白色，被微柔毛；雄花：花萼外面被微柔毛，裂片长卵形，边缘具细睫毛；花瓣倒卵状长圆形，开花时外卷；雄蕊伸出，花丝线形，无毛，花药卵形；子房不育；雌花：花萼裂片较短，外面被微柔毛，边缘具细睫毛；花瓣椭圆状卵形，边缘具细睫毛，里面下部被柔毛；雄蕊极短；花盘无毛；子房卵形，密被白色微柔毛，花柱 3，柱头头状。核果球形，略压扁，被具节柔毛和腺毛，成熟时红色。花期8~9月，果期10月。

【生长习性】

气候条件：喜温暖湿润气候，也能耐一定寒冷和干旱。

土壤条件：酸性、中性或石灰岩的碱性土壤上都能生长，耐瘠薄，不耐水湿。

海拔条件：海拔170~2700m。

分布地点：我国除东北3省、内蒙古和新疆外，其余省份均有，生于向阳山坡、沟谷、溪边的疏林或灌丛中。分布于印度、中南半岛、马来西亚、印度尼西亚、日本和朝鲜。

【食用部位及食用方法】嫩茎、叶。洗净后作为蔬菜食用，也可作为配料。花是初秋的优质蜜粉源。

【栽培技术】

繁殖方法：①种子繁殖。将苗床作成1.5m宽、30m长的畦，在播种前要灌足底墒，播种量为15kg/亩左右。播种时留行距30cm，用锄头或开沟器开出深5cm播种沟，然后将种子均匀撒在播种沟内，再用细碎土覆盖种子，厚度为种子直径的2~3倍，或用细沙覆盖种子，其厚度以不见种子为宜，然后覆盖地膜。②扦插繁殖。③压根繁殖，压根繁殖法就是将老盐肤木的根挖出来，截成30cm左右的根段，然后蘸泥浆插根，根留出地面10cm左右，此法成活率高、生长快，树根大的1年就可以结果，2~3年可以成林。

土壤要求：育苗地宜选择在土壤肥沃、平坦、向阳、灌溉方便、交通便利的地方。

植株管理：出苗前要加强管理，待苗长至5cm左右时，进行间苗，苗距3~5cm，定苗前后进行2~3次中耕除草，6月份进行追肥，雨季要及时排除积水。

肥水管理：6月中旬进行1次全面追肥，每亩施尿素20kg，并及时松土除草和防治病虫害；8月上、中旬选择晴朗天的早晨或傍晚进行叶面追施磷酸二氢钾1~2次（每次每亩施1kg），中旬以后以松土、除草为主。

4. 腊肠树

【学名】*Cassia fistula* Linn.

【别名】黄花、牛角树、阿勃勒。

【科属】苏木科 Caesalpiniaceae 决明属 *Cassia*。

【识别特征】落叶小乔木或中等乔木，高可达 15m；枝细长；树皮幼时光滑，灰色，老时粗糙，暗褐色。有小叶 3～4 对，在叶轴和叶柄上无翅亦无腺体；小叶对生，薄革质，阔卵形、卵形或长圆形，顶端短渐尖而钝，基部楔形，边全缘，幼嫩时两面被微柔毛，老时无毛；叶脉纤细，两面均明显；叶柄短。总状花序疏散，下垂；花与叶同时开放；花梗柔弱，下无苞片；萼片长卵形，薄，开花时向后反折；花瓣黄色，倒卵形，近等大，具明显的脉；雄蕊 10 枚，其中 3 枚具长而弯曲的花丝，高出于花瓣，4 枚短而直，具阔大的花药，其余 3 枚很小，不育，花药纵裂。荚果圆柱形，黑褐色，不开裂，有 3 条槽纹；种子 40～100 颗，为横隔膜所分开。花期 6～8 月；果期 10 月。

【生长习性】

气候条件：喜光、耐遮阴、耐寒，适于气候温暖、湿润地区，也能耐 –43℃ 低温。

分布地点：原产印度、缅甸和斯里兰卡。我国南部和西南部各省份均有栽培。

【食用部位及食用方法】嫩茎、嫩叶。维生素 C 含量嫩叶为 1228mg/100g，花为 2352mg/100g（均鲜重），水烫、浸泡后炒或拌食。

【栽培技术】

繁殖方法：种子繁殖。储藏的种子常在春季播种，新鲜的种子可在秋季播种。种子用 60～80℃ 的温水浸泡 48h 后播种，新鲜种子在室温下需用清水浸泡 12h。育苗时采用黑色薄膜袋育苗，基质采用黄心土与火烧土混合，二者比例为 4：1。基质在装入育苗袋前应用生石灰消毒。点播时，先把基质浇透水，再在基质中间打育苗穴，穴略大于种子，深 2～3cm，种子朝下放入孔中，然后覆土。

土壤要求：育苗地应选择在地势平坦、空旷、通风良好、光照充足邻近水源且排水良好的地方。

植株管理：播完种子后，覆盖塑料薄膜，以保温、保湿、防雨水冲刷、保持基质和种子的湿润。当种子长出小芽时，把塑料薄膜去掉，换用50%的遮光网覆盖，这样有利于通风和透光，并注意淋水，以促进小苗的正常生长。当小苗长出 1～2 对叶子时去掉遮光网，让苗木在自然的光照条件下生长。选择春季育苗的，至第二年春季时，苗木已长高到50cm 左右，应及时移栽至田间定植。定植后每年春秋两季各松土除草 1 次，同时各施追肥 1 次。

肥水要求：小苗长出真叶后，根据苗木生长情况，每周可用5g/L的复合肥水溶液施肥 1 次，施肥时间应在上午进行，下午再淋水洗苗。当苗木生长到要移苗定植时，即停止施肥。

【价值】本种是南方常见的庭园观赏树木，树皮含单宁，可做红色染料。根、树皮、果瓤和种子均可入药作缓泻剂。木材坚重，耐朽力强，光泽美丽，可作支柱、桥梁、车辆及农具等用材。腊肠树初夏开花，满树金黄，秋日果荚长垂如腊肠，为珍奇观赏树，被广泛地应用在园林绿化中，适于在公园、水滨、庭园等处与红色花木配置种植。

5. 白鹃梅

【学名】*Exochorda racemosa*（Lindl.）Rehd.

【科属】蔷薇科 Rosaceae 白鹃梅属 *Exochorda*。

【识别特征】灌木，高达 3～5m，枝条细弱，开展；小枝圆柱形，微有棱角，无毛，幼时红褐色，老时褐色；冬芽三角卵形，先端钝，平滑无毛，暗紫红色。叶片椭圆形、长椭圆形至长圆倒卵形，先端圆钝或急尖，稀有突尖，基部楔形或宽楔形，全缘，稀中部以上有钝锯齿，上下两面均无毛；叶柄短，或近于无柄；不具托叶。总状花序，有花 6～10 朵，无毛；花梗长 3～8mm，基部花梗较顶部稍长，无毛；苞片小，宽披针形；花直径 2.5～3.5cm；萼筒浅钟状，无毛；萼片宽三角形，先端急尖或钝，边缘有尖锐细锯齿，无毛，黄绿色；花瓣倒卵形，先端钝，基部有短爪，白色；雄蕊 15 ~ 20，3 ~ 4 枚一束着生在花盘边缘，与花瓣对生；心皮 5，花柱分离。蒴果，倒圆锥形，无毛，有 5 脊。花期 5 月，果期 6 ~ 8 月。

【生长习性】

气候条件：喜光，耐半阴，耐寒，也较耐旱，耐瘠薄。

土壤条件：对土质要求不严，酸性土、中性土均可生长。以肥沃、湿润、排水良好的中性土壤最佳，忌在低洼积水地栽植，长期积水会引起病害或全株死亡。

海拔条件：生于山坡阴地，海拔 250 ~ 500m。

分布地点：产河南、江西、江苏、浙江等地。

【食用部位及食用方法】茎、叶、花。开水烫后凉拌或者和面蒸食，也可炒食，味道鲜美，营养价值极高。作配料则烹制多种荤素菜肴，皆清香味美，别有风味。花蕾用来蒸花糕，做点心尤为受人欢迎。也可腌渍晾干后制成干菜或者罐头，其干品则可经水发后，用来炖肉、蒸鱼、煮汤、做馅等，同样味美宜人。

【栽培技术】

繁殖方法：播种、分株、扦插和组织培养等方法繁殖。①播种。可于 9 月采种，密藏至翌年 3 月播种，播种 20 ~ 30 天左右，即 4 月份发萌出土。②扦插。采用休眠枝作扦插，即在早春萌芽出叶前进行，插穗选取上年生的健壮枝条，齐节剪下，每根插穗长约 15cm，但最少应有 3 个节 2 个节间，将插穗插入苗床泥土中 2/3 的长度。③压条繁殖。选取健壮的枝条，从顶梢以下大约 15 ~ 30cm 处把树皮剥掉一圈，剥后的伤口宽度在 1cm 左右，深度以刚刚把表皮剥掉为限。剪取一块长 10 ~ 20cm、宽 5 ~ 8cm 的薄膜，上面放些淋湿的园土，像裹伤口一样把环剥的部位包扎起来，薄膜的上下两端扎紧，中间鼓起。约 4 ~ 6 周后生根。生根后，将其与母株割离，便成为一棵新的植株。

植株管理：苗高 4 ~ 5cm 时，可分次间苗，幼苗细弱，盛夏需遮阴，防暴晒以免伤苗。小苗装盆或养了几年的大株转盆时，先在盆底放入 2 ~ 3cm 厚的粗粒基质作为滤水层，其上撒上一层充分腐熟的有机肥料作为基肥，厚度约为 1～2cm，再盖上一薄层基质，厚约 1～2cm，然后放入植株，以把肥料与根系分开，避免烧根。

肥水管理：植株可在 3 月上旬开花前进行第 1 次施肥，以腐熟的饼类肥料为主，适当增加磷、钾肥料，促进白鹃梅的生长和开花。第 2 次施肥约在 5 月中、下旬进行，以腐熟的有机肥为主，适当增加磷、钾肥料，促进果实成长。第 3 次施肥，宜在进入冬季以前，施以磷二铵，保证植株安全越冬。夏季花芽分化初期需要一定量的水，应适当浇水。冬季浇水封冻，春季及时浇水返青。白鹃梅喜欢土壤湿润，生长季节每 20～30 天浇水 1 次，但是切忌浇水过多，否则会导致植物死亡。

【价值】白鹃梅有很高的园林用途，是园林观赏植物。也有食用和药用价值，特别是根皮和树皮多用于腰骨酸痛，也具有益肝明目、提高人体免疫力、抗氧化等多种保健功能。

6. 接骨木

【学名】*Sambucus williamsii* Hance var. *williamsii*

【别名】木茹瞿、续骨草、九节风。

【科属】忍冬科 Caprifoliaceae 接骨木属 *Sambucus*。

【识别特征】落叶灌木或小乔木，高 5～6m；老枝淡红褐色，具明显的长椭圆形皮孔，髓部淡褐色。羽状复叶有小叶 2～3 对，有时仅 1 对或多达 5 对，侧生小叶片卵圆形、狭椭圆形至倒矩圆状披针形，顶端尖、渐尖至尾尖，边缘具不整齐锯齿，有时基部或中部以下具 1 至数枚腺齿，基部楔形或圆形，有时心形，两侧不对称，顶生小叶卵形或倒卵形，顶端渐尖或尾尖，基部楔形，初时小叶上面及中脉被稀疏短柔毛，后光滑无毛，叶搓揉后有臭气；托叶狭带形，或退化成带蓝色的突起。花与叶同出，圆锥形聚伞花序顶生，具总花梗，花序分枝多成直角开展，有时被稀疏短柔毛，随即光滑无毛；花小而密；萼筒杯状，萼齿三角状披针形，稍短于萼筒；花冠蕾时带粉红色，开后白色或淡黄色，筒短，裂片矩圆形或长卵圆形；雄蕊与花冠裂片等长，开展，花丝基部稍肥大，花药黄色；子房 3 室，花柱短，柱头 3 裂。果实红色，极少蓝紫黑色，卵圆形或近圆形；核 2～3 枚，卵圆形至椭圆形，略有皱纹。花期一般 4～5 月，果熟期 9～10 月。

【生长习性】

气候条件：喜光，不耐庇荫，年平均气温 5～9℃，年降雨量 600～1000mm 时生长良好，苗期在 2～3℃生长正常。全年日照量不得少于 1800h，否则不能结果。

分布地点：产黑龙江、吉林、辽宁及华北、华东、华南、西南等地区。生于海拔 540～1600m 的山坡、灌丛、沟边、路旁等。

【食用部位及食用方法】花、茎和叶。利用其花直接压榨成汁，治疗咽喉类疾病，花还可以用于提炼精油。花和果实可用于香料生产，在糖果点心工业生产中作乳脂和糖果染色剂。在一些地区，接骨木果实可以作为大馅饼和菜汤调味品。花可以添加于葡萄发酵液中。

【栽培技术】

繁殖方法：种子繁殖。作床前先将粪肥扬撒在地里，翻入土中，再整平。床土用 20% 硫酸亚铁水溶液消毒。4 月初播种，以条播和穴播为主，播深 1cm 左右，覆土后要用草帘覆盖，以保持水分，约 15 天就可出苗。

土壤要求：肥沃、疏松的土壤。

植株管理：从萌芽到落叶主要是松土、浇水、施肥和整枝，松土、浇水一般 2～3 次就可以，浇水结合施肥，如施氮、磷、钾复合肥 50～100g，浇水时间在萌芽初、开花后、果实生长期，结合天气情况进行。

肥水管理：苗期追肥在小苗长出 2～3 片真叶时进行。第二次追肥在苗高 30cm 时为佳。

【价值】接骨木果实含油量高，可做食用油，有降低血脂、防治动脉硬化、抗血栓形成、抗癌、提高记忆等功效，还可做化妆品；其他工业用途，如环氧化接骨木油增塑剂、表面活性剂和助剂、制取皂粉、提取色素等。

7. 南山藤

【学名】*Dregea volubilis*（L. f.）Benth. ex Hook. f.

【别名】苦凉菜、苦菜藤、帕格乐姆、帕空耸。

【科属】萝藦科 Asclepiadaceae 南山藤属 *Dregea*。

【识别特征】木质大藤本；茎具皮孔，枝条灰褐色，具小瘤状凸起。叶宽卵形或近圆形，顶端急尖或短渐尖，基部截形或浅心形，无毛或略被柔毛；侧脉每边约 4 条。花多朵，组成伞形状聚伞花序，腋生，倒垂；被微毛；花萼裂片外面被柔毛，内面有腺体多个；花冠黄绿色，夜吐清香，裂片广卵形，副花冠裂片生于雄蕊的背面，肉质膨胀，内角呈延伸的尖角；花粉块长圆形，直立；子房被疏柔毛，花柱短，柱头厚而顶端具圆锥状凸起。蓇葖披针状圆柱形，直径约 3cm，外果皮被白粉，具多皱棱条或纵肋；种子广卵形，扁平，有薄边，棕黄色，顶端具白色绢质种毛。花期 4～9 月，果期 7～12 月。

【生长习性】

气候条件：喜高温高湿气候，耐瘠薄、耐涝、耐干旱，种子在 22～30℃下均可发芽出苗。

土壤条件：适宜在中性或微酸性土壤中生长。

海拔条件：生于海拔 1500m 以下山地林中。

分布地点：产于贵州、云南、广西、广东及台湾等地。常攀援于大树上，间有栽培于农村中。分布于印度、孟加拉、泰国、越南、印度尼西亚和菲律宾。

【食用部位】嫩茎叶、花蕾。嫩茎叶可切丝后，与鸡蛋调和，炒食或做汤；花则可与鸡蛋调和，经油炸后食用，虽有些苦味，但口感细嫩舒适。

【栽培方式】

繁殖方法：①种子育苗。苗床可用砂床或选择土壤质地疏松的地块，开沟长 15～20cm，高 10～15cm，宽 120～150cm。整平后，将种子均匀撒播于墒面，覆盖一层细粪肥或细肥土，再盖一层稻草或松毛，防止雨水或浇水时冲涮墙面而影响种子发芽出苗。②扦插育苗。选择1～2年生有两个对称芽眼的藤枝，剪成15～25cm长，基部切口成45℃，将扦条基部1cm处浸入已配好的0.25%的高猛酸钾溶液中消毒，迅速取出，然后及时进行生根处理。按行距10～12cm、株距5cm的规格进行扦插。

土壤要求：选择灌水方便的砂壤土地块用于扦插繁殖。

植株管理：南山藤适应性强，可连续采摘15～20年。南山藤属藤本攀援植物，缠绕性强，搭藤架有利于藤节间发芽抽梢，提高鲜茎叶产量。

肥水管理：每年的冬春季，结合中耕松土，施优质农肥1500～2000kg/亩，翻埋于南山藤根际。立春前后，进入采摘期，要酌情烧施粪水。要注意观察，田间将出现旱象时，要立即浇水，保证土壤湿润，湿而不渍水。

【价值】茎皮纤维可作人造棉、绳索；种毛作填充物。根可药用，作催吐药；茎利尿，止肚痛，除郁湿；全株可治胃热和胃痛。果皮的白霜可作兽药。

8. 山　杨

【学名】*Populus davidiana*

【别名】大叶杨、响杨。

【科属】杨柳科 Salicaceae 杨属 *Populus*。

【识别特征】乔木，高达25m，胸径约60cm。树皮光滑，灰绿色或灰白色，老树基部黑色粗糙；树冠圆形，小枝圆筒形，光滑，赤褐色，萌枝被柔毛。芽卵形或卵圆形，无毛，微有黏质。叶三角状卵圆形或近圆形，长宽近等，先端钝尖、急尖或短渐尖，基部圆形、截形或浅心形，边缘有密波状浅齿，发叶时显红色，萌枝叶大，三角状卵圆形，下面被柔毛；叶柄侧扁。花序轴有疏毛或密毛；苞片棕褐色，掌状条裂，边缘有密长毛；雄蕊5～12，花药紫红色；子房圆锥形，柱头2深裂，带红色。蒴果卵状圆锥形，有短柄，2瓣裂。花期3～4

月，果期 4~5 月。

【生长习性】

气候条件：强阳性树种。

土壤条件：耐寒冷，耐干旱瘠薄土壤，在微酸性至中性土壤皆可生长，适于山腹以下排水良好的肥沃土壤。

分布地点：分布广泛，黑龙江、内蒙古、吉林、华北、西北、华中及西南高山地区均有分布，垂直分布自东北低山海拔 1200m 以下，到青海 2600m 以下，湖北西部、四川中部、云南在海拔 2000~3800m 之间。多生于山坡、山脊和沟谷地带，常形成小面积纯林或与其他树种形成混交林。朝鲜、俄罗斯东部也有分布。

【食用部位及食用方法】花序、树皮。杨树花序民间常用来做饺子、包子、大饼馅，或与葱花爆炒食用。春、夏、秋季剥取树皮，晒干，切丝备用。

【栽培技术】

繁殖方法：种子以撒播为主要播种方式，播种前灌足底水。将床面的表土充分耙平压碎后，均匀撒播种子，随后覆盖细沙 2~3mm。再碾压一次。或播种后用扫帚顺苗床扫一遍，再加镇压，最后用细眼壶洒水即可。

肥水管理：播种前首先灌水，待水快渗完时，将种子撒播于床面，播种完毕再喷一次水。

【价值】山杨木材白色、轻软、富弹性，供造纸、火柴杆及民房建筑等用。林业上经济价值高，树皮可作药用或提取栲胶，萌枝条可编筐，幼枝及叶为动物饲料。幼叶红艳、美观，常用作园林树种，也常用来绿化荒山保持水土。药用价值极高，山杨树皮入药，可治感冒发热、风湿热、疟疾、消化不良、腹泻、妊娠下痢、小便淋漓、牙痛、口疮、扑损瘀血、蛔虫症、高血压等病；外用治秃疮、疥癣、蛇咬伤。

9. 肉　桂

【学名】*Cinnamomum cassia* Presl

【别名】中国肉桂、玉桂、牡桂、菌桂。

【科属】樟科 Lauraceae 樟属 *Cinnamomum*。

【识别特征】中等大乔木；树皮灰褐色。一年生枝条圆柱形，黑褐色，有纵向细条纹，略被短柔毛，当年生枝条稍四棱形，黄褐色，具纵向细条纹，密被灰黄色短绒毛。顶芽小，芽鳞宽卵形，先端渐尖，密被灰黄色短绒毛。叶互生或近对生，长椭圆形至近披针形，先端稍急尖，基部急尖，革质，边缘软骨质，内卷，上面绿色，有光泽，无毛，下面淡绿色，晦暗，疏被黄色短绒毛，离基三出脉，侧脉近对生，稍弯向上伸至叶端之下方渐消失，与中脉在上面明显凹陷，下面十分凸起，向叶缘一侧有多数支脉，支脉在叶缘之内拱形连结，横脉波状，近平行，上面不明显，下面凸起，其间由小脉连接，小脉在下面明显可见；叶柄粗壮，腹面平坦或下部略具槽，被黄色短绒毛。圆锥花序腋生或近顶生，三级分枝，分枝末端为 3 花的聚伞花序，总梗长约为花序长之半，与各级序轴被黄色绒毛。花白色；花梗被黄褐色短绒毛。花被内外两面密被黄褐色短绒毛，花被筒倒锥形，长约 2mm，花被裂片卵状长圆形，近等大，先端钝或近锐尖。能育雄蕊 9，花丝被柔毛，第一、二轮雄蕊花丝扁平，上方 1/3 处变宽大，花药卵圆状长圆形，先端截平，药室 4，室均内向，上 2 室小得多，第三轮雄蕊花丝扁平，上方 1/3 处有一对圆状肾形腺体，花药卵圆状长圆形，药室 4，上 2 室较小，外侧向，下 2 室较大，外向。退化雄蕊 3，位于最内轮，柄纤细，扁平，被柔毛，先端箭头状正三角形。子房卵球形，无毛，花柱纤细，与子房等长，柱头小，不明显。果椭圆形，成熟时黑紫色，无毛；果托浅杯状，边缘截平或略具齿裂。花期 6~8月，果期 10~12 月。

【生长习性】

气候条件：喜温暖湿润、阳光充足的环境，喜光又耐阴，喜暖热、无霜雪、多雾高温之地，不耐干旱、积水、严寒和空气干燥。

土壤条件：适于疏松肥沃、排水良好、富含有机质的酸性砂壤。栽培于沙丘或斜坡山地。

分布地点：原产我国，现广东、广西、福建、台湾、云南等地的热带及亚热带地区广为栽培，其中尤以广西栽培为多。印度、老挝、越南及印度尼西亚等地也有，但大多为人工栽培。

【食用部位及食用方法】桂皮。晒干后食用。煎服，2~5g，宜后下或焗服；研末冲服，每次1~2g。桂皮性热，适合天凉时节食用，夏季忌食桂皮；阴虚火旺、血热出血者也不宜食用。也可与羊肉或鸡肉一起炖汤。

【栽培技术】

繁殖方法：播种，最好随采随播。播种前种子用0.3%福尔马林液浸种30min。采用点播，株距6~9cm，行距20~25cm，覆土2cm左右。

土壤要求：选在阳光充足、土层深厚、肥沃疏松、排水良好的山中部地带。呈微酸性的砂壤土为好。坡向宜朝东南，接近水源，作成宽1~1.2m、高15~20cm高畦，同时施入厩肥或堆肥等有机肥料。

植株管理：床面覆草保湿，每隔4~5天浇水一次，播后20~30天发芽出土后，即可揭草，随即进行搭棚遮阴。一年生苗高20cm、地径0.5cm以上即可造林。

肥水管理：每年必须除草、松土、施肥3次。

【价值】肉桂的枝、叶、果实、花梗可提制桂油，桂油为合成桂酸等重要香料的原料，用作化妆品原料，亦供巧克力及香烟配料，药用作矫臭剂、驱风剂、刺激性芳香剂等，并有防腐作用。肉桂有温中补肾、散寒止痛功能，可治腰膝冷痛、虚寒胃痛、慢性消化不良、腹痛吐泻、受寒经闭等症。

10. 麻 竹

【学名】*Dendrocalamus latiflorus* Munro

【**别名**】甜竹、大头典竹、大头竹、马竹等。

【**科属**】竹亚科 Bambusoideae 牡竹属 *Dendrocalamus*。

【**识别特征**】竿高 20~25m，直径 15~30cm，梢端长下垂或弧形弯曲；幼时被白粉，但无毛，仅在节内具一圈棕色绒毛环；竿分枝高，每节分多枝，主枝常单一。箨鞘易早落，厚革质，呈宽圆铲形，背面略被小刺毛，但易落去而变无毛，顶端的鞘口部分甚窄；箨耳小；箨舌边缘微齿裂；箨片外翻，卵形至披针形，腹面被淡棕色小刺毛。末级小枝具 7~13 叶，幼时被黄棕色小刺毛，后变无毛；叶耳无；叶舌突起，截平，边缘微齿裂；叶片长椭圆状披针形，基部圆，先端渐尖而成小尖头，上表面无毛，下表面的中脉甚隆起并在其上被小锯齿，幼时在次脉上还生有细毛茸，次脉 7~15 对，小横脉尚明显；叶柄无毛。花枝大型，无叶或上方具叶，其分枝的节间坚硬，密被黄褐色细柔毛，各节着生 1~7 枚乃至更多的假小穗，形成半轮生状态；小穗卵形，甚扁，成熟时为红紫或暗紫色，顶端钝，含 6~8 朵小花，顶端小花常较大，成熟时小花能广张开；颖 2 片至数片，广卵形至广椭圆形，两表面之上部均具微毛，边缘生纤毛；外稃与颖类似，黄绿色，惟边缘之上半部呈紫色，具多脉（29~33 条），小横脉明显；内稃长圆状披针形，上半部呈淡紫色，脊间 2 或 3 脉，两脊外至边缘各有 2 脉，脊上及边缘均密生细长纤毛；鳞被不存在；花药黄绿色，成熟后能伸出小花外，药隔先端伸出成为小尖头，其上还生有微毛；子房扁球形或宽卵形，上半部散生白色微毛而下半部无毛，具子房柄，有腹沟，花柱密被白色微毛，柱头单一，与花柱间无明显界限，偶或柱头 2 枚。果实为囊果状，卵球形，果皮薄，淡褐色。

【**生长习性**】

气候条件：适于年平均气温 16~22.6℃，最冷月均温 5~12℃，极端最低气温 -4℃以上，全年无霜期 350 天左右，年降水量 1200~1800mm，相对湿度为 80%以上的环境。

土壤条件：在土壤酸性至中性，砖红壤、赤红壤、紫色土上均能生长，但在深厚、肥沃、疏松、湿润和排水良好的冲积土和砂壤土上生长最好。

海拔条件：生长于海拔 1000m 以下的南亚热带和热带坝区或河谷地区。

分布地点：产福建、台湾、广东、香港、广西、海南、四川、贵州、云南等地。在浙江南部和江西南部亦见少量栽培。越南、缅甸有分布。

【食用部位及食用方法】笋。竹笋脆嫩鲜美，主供熟食，食用方法很多，可炒食、煮食、炖食、蒸食、腌食，也可制成干品（俗称小竹笋）食用，还可与瓜类、蔬菜、肉禽类共烧煮，亦可泡汤。切成细粒与肉泥拌和，可作多种馅儿。

【栽培技术】

繁殖方法：用 210～240 天的幼竹定植。提前 30 天左右挖好塘，待暴晒后回土入塘，并加入农家肥作基肥。以春节后至 3 月底栽植为宜，最迟在 5 月上旬栽植完毕。起苗须带宿土。以每亩 50～70 株为宜，土壤肥沃的地方宜疏，土壤贫瘠的地方可密些。

植株管理：竹苗定植成活后，每年除需要正常的松土除草和病虫害防治外，还要在春季扒晒竹蔸根眼。

肥水管理：追施农家肥或其他有机肥。

【价值】本种是我国南方栽培最广的竹种，笋味甜美，每年均有大量笋干和罐头上市，甚至远销日本和欧美国家。竿亦供建筑和篾用。庭园栽植，观赏价值也高。

11. 毛环竹

【学名】*Phyllostachys meyeri* McClure

【别名】红褐竹、红壳竹。

【科属】竹亚科 Bambusoideae 刚竹属 *Phyllostachys*。

【识别特征】竿高 5～11m，粗 3～7cm，劲直，幼时节下有白粉；竿环微隆起，略高于箨环或与箨环同高；箨环最初带紫色并被易落白色细毛。箨鞘背面淡褐紫色、暗绿色或黄褐色，被白粉，上部有较密的褐色斑点和斑块，下部斑点小而稀疏，有时尚有紫色条纹，底部生白色细毛，其余部分无毛；箨耳及鞘口繸毛俱缺；箨舌黄绿色至淡黄褐色，中度发达，中部稍突出，边缘生短纤毛；箨片狭带状，外翻，多少呈波状或微皱曲，紫绿色，具黄边。末级小枝有 2 或 3 叶；叶鞘无毛；无叶耳及鞘口繸毛，或有少数条易落的繸毛；叶舌显著突出，叶片披针形至带状披针形。花枝呈穗状，基部托以 2~4 片逐渐增大的鳞片状苞片；佛焰苞 5~8 片，无毛或一侧生柔毛，无叶耳及鞘口繸毛，缩小叶狭小，卵状披针形至锥形，每片佛焰苞内具 1~3 枚假小穗。披针形，含小花 1 或 2 朵；小穗轴最后延伸成针状，其节间具短柔毛；颖常 1 片，披针形；无毛，顶端延伸成芒状小尖头；几无毛或仅顶端生细毛；鳞被 3，椭圆状披针形。柱头 3，呈羽毛状。笋期 4 月下旬。

【生长习性】

气候条件：喜湿润怕积水，喜光怕风。

土壤条件：要求土壤疏松、透气、肥沃，以土层深厚、透气、保水性好的乌沙土、砂质壤土为好，普通红壤、黄壤也适宜栽培。

海拔条件：海拔 250m 以下，背风向阳、光照充足的东南坡、南坡，以 5~15℃的低丘缓坡地为好，有充足水源可以利用的地方更为适宜。

分布地点：产河南、陕西和长江流域及其以南各地。

【食用部位及食用方法】同麻竹。

【栽培技术】

繁殖方法：雨季种植，春季 2 月下旬至 3 月、梅雨季（6 月上旬）、秋季 10~11 月为宜。栽植时，先回填表土，平置母竹的竹鞭，至穴深 20~25cm，鞭土密接，下紧上松，土面突起。栽植深度比母竹原产地深 5~10cm 即可。

肥水管理：施肥要适量，春季每株母竹穴施约 50g 尿素和 30g 钙镁磷肥。

【价值】毛环竹是极具开发前景的优良笋用竹种、笋期为 4~5 月，其鲜笋产量每亩可高达 2750kg，笋质优良、营养丰富，可直接煮食或加工为笋制品。竹秆可制作各种竹器、竹编、伞骨、篱笆、晒衣竿、钓鱼竿及船篷横档等。

12. 毛　竹

【学名】*Phyllostachys pubescens*

【别名】楠竹、茅竹、南竹、江南竹、唐竹。

【科属】禾本科 Gramineae 刚竹属 *Phyllostachys*。

【识别特征】竿高达 20 余 m，粗可达 20 余 cm，幼竿密被细柔毛及厚白粉，箨环有毛，老竿无毛，并由绿色渐变为绿黄色；基部节间甚短而向上则逐节较长，壁厚约 1cm(但有变异)；竿环不明显，低于箨环或在细竿中隆起。箨鞘背面黄褐色或紫褐色，具黑褐色斑点及密生棕色刺毛；箨耳微小，繸毛发达；箨舌宽短，强隆起乃至为尖拱形，边缘具粗长纤毛；箨片较短，长三角形至披针形，有波状弯曲，绿色，初时直立，以后外翻。末级小枝具 2~4 叶；叶耳不明显，鞘口繸毛存在而为脱落性；叶舌隆起；叶片较小较薄，披针形，下表面在沿中脉基部具柔毛，次脉 3~6 对，再次脉 9 条。花枝穗状，基部托以 4~6 片逐渐稍较大的微小鳞片状苞片，有时花枝下方尚有 1~3 片近于正常发达的叶，当此时则花枝呈顶生状；佛焰苞通常在 10 片以上，常偏于一侧，呈整齐的覆瓦状排列，下部数片不孕而早落，致使花枝下部露出而类似花枝之柄，上部的边缘生纤毛及微毛，无叶耳，具易落的鞘口繸毛，缩小叶小，披针形至锥状，每片孕性佛焰苞内具 1~3 枚假小穗。小穗仅有 1 朵小花；小穗轴延伸于最上方小花的内稃之背部，呈针状，节间具短柔毛；颖 1 片，顶端常具锥状缩小叶有如佛焰苞，下部、上部以及边缘常生毛茸；上部及边缘被毛；内稃稍短于其外稃，中部以上生有毛茸；鳞被披针形；柱头 3，羽毛状。颖果长椭圆形，顶端有宿存的花柱基部。笋期 4 月，花期 5~8 月。

【生长习性】

气候条件：喜欢温暖湿润的气候条件，适生地的年平均温度 15~20℃，年降水量为 1200~1800mm。

土壤条件：板岩、页岩、花岗岩、砂岩等母岩发育的中、厚层肥沃酸性的红壤、黄红壤、黄壤上分布多，生长良好。在土质黏重而干燥的网纹红壤及林地积水、地下水位过高的地方则生长不良。适于肥沃、湿润、排水和透气性良好的酸性砂质土或砂质壤土的地方。

海拔条件：分布于400～800m的丘陵、低山山麓地带。

分布地点：分布自秦岭、汉水流域至长江流域以南地区和台湾省，黄河流域也有多处栽培。1737年引入日本栽培，后又引至欧美各国。

【食用部位及食用方法】同麻竹。

【栽培技术】

繁殖方法：种子繁殖。用0.3%的高锰酸钾浸种2～4h，以保证消毒，之后即可播种。条播、撒播、穴播均可。条播时，条距约为30cm，亩用种2kg左右。穴播的株行距约为30cm，每穴均匀点播8～10粒，细焦泥灰覆土，不见种子为止。

土壤要求：土壤以富含营养的乌沙土和砂质壤土最为适宜。选择在背风、排水良好、肥沃疏松的山谷地、山腰缓坡等地区。

植株管理：①新造林地抚育管理：毛竹栽植后，前3～4年需要进行抚育管理。主要抓除草松土，适时施肥、护笋养竹。可以以耕代抚、进行林间间作。②成林抚育管理：护笋养竹，劈林，深翻垦复，适时施肥，合理采伐。

肥水管理：每年追施2次，第1次在清明前1个月，施笋前肥；第2次是在9月，施催芽肥。施肥量：第1次以化学肥料为主，施用尿素150 kg/hm^2，碳氨300 kg/hm^{2}及适量磷肥；第2次以有机肥为主，施用土渣肥15000 kg/hm^2，饼肥750～1500 kg/hm^2。有机肥应以沟肥为主。

采收：毛竹种实8～9月成熟脱落，要连枝采下。

【价值】毛竹是我国栽培悠久、面积最广、经济价值也最重要的竹种。其竿型粗大，宜供建筑用，如梁柱、棚架、脚手架等；篾性优良，供编织各种粗细的用具及工艺品，枝梢作扫帚；嫩竹及竿箨作造纸原料。笋味美，鲜食或加工制成玉兰片、笋干、笋衣等。

13. 紫 竹

【学名】*Phyllostachys nigra*

【别名】黑竹、墨竹、竹茄、乌竹。

【科属】竹亚科 Bambusoideae 刚竹属 *Phyllostachys*。

【识别特征】竿高 4~8m，稀可高达 10m，直径可达 5cm，幼竿绿色，密被细柔毛及白粉，箨环有毛，一年生以后的竿逐渐先出现紫斑，最后全部变为紫黑色，无毛；竿环与箨环均隆起，且竿环高于箨环或两环等高。箨鞘背面红褐色或稍带绿色，无斑点或常具极微小不易观察的深褐色斑点，此斑点在箨鞘上端常密集成片，被微量白粉及较密的淡褐色刺毛；箨耳长圆形至镰形，紫黑色，边缘生有紫黑色繸毛；箨舌拱形至尖拱形，紫色，边缘生有长纤毛；箨片三角形至三角状披针形，绿色，但脉为紫色，舟状，直立或以后稍开展，微皱曲或波状。末级小枝具 2 或 3 叶；叶耳不明显，有脱落性鞘口繸毛；叶舌稍伸出；叶片质薄。花枝呈短穗状，基部托以 4~8 片逐渐增大的鳞片状苞片；佛焰苞 4~6 片，除边缘外无毛或被微毛，叶耳不存在，鞘口繸毛少数条或无，缩小叶细小，通常呈锥状或仅为一小尖头，亦可较大而呈卵状披针形，每片佛焰苞腋内有 1~3 枚假小穗。小穗披针形，具 2 或 3 朵小花，小穗轴具柔毛；颖 1~3 片，偶可无颖，背面上部稍具柔毛；外稃密生柔毛；内稃短于外稃；柱头 3，羽毛状。笋期 4 月下旬。

【生长习性】

气候条件：阳性，喜温暖湿润气候，耐寒。

土壤条件：适合砂质排水性良好的土壤。

分布地点：原产我国，南北各地多有栽培，在湖南南部与广西交界处尚可见野生的紫竹林。印度、日本及欧美许多国家均引种栽培。

【食用部位及食用方法】同麻竹。

【栽培技术】

繁殖方法：移栽繁殖。紫竹在适生区一般每公顷的造林密度为

900~1200株。母竹应随挖随运随栽,远距离运输植株需要带土移栽。整地与栽植穴的翻挖工作,最好在冬季结冻前完成。栽竹时间以早春2月为佳。栽植穴内的石块、杂草应去除。表土填入穴底层,有利于有机物质分解;底土翻到表层,有利于矿物质风化。

土壤要求:应选择土质疏松肥沃、排灌良好的土地。

植株管理:竹苗成活与生长的关键在于管抚,要使竹林稳产高产,更需重视管抚。栽种后如天气干旱,要及时浇水。幼林地要禁止牛羊等进入,有条件时在竹苗边架设支架,防止风吹竹摇。为了提高成活率,加速竹林生长,尽快投产,对新造竹林应切实抓好灌溉、竹农间种、松土除草、施肥和保护等管抚措施。

肥水管理:梅季如雨水充足,也可种植。种植时还要注意天气变化,干旱天气不能种植,否则会导致失水死亡。

【价值】①经济价值:竹材较坚韧,供制作小型家具、手杖、伞柄、乐器及工艺品。②园林价值:此竹宜种植于庭院山石之间或书斋、厅堂、小径、池水旁,也可栽于盆中,置窗前、几上,别有一番情趣。紫竹杆紫黑,叶翠绿,颇具特色,若植于庭院观赏,可与黄槽竹、金镶玉竹、斑竹等杆具色彩的竹种同植于园中,增添色彩变化。③医用价值:茎用火烤灼而流出的液汁治疗妇科热症;祛风、散瘀、解毒,用于风湿痹痛、经闭、症瘕、狂犬咬伤。

14. 水 竹

【学名】*Phyllostachys heteroclada*

【科属】竹亚科 Bambusoideae 刚竹属 *Phyllostachys*。

【识别特征】竿高达6m,粗达3cm,幼竿具白粉并疏生短柔毛;竿环在较粗的竿中较平坦,与箨环同高,在较细的竿中则明显隆起而高于箨环;分枝角度大,以致接近于水平开展。箨鞘背面深绿带紫色(在细小的笋上则为绿色),无斑点,被白粉,无毛或疏生短毛,边缘生白色或淡褐色纤毛;箨耳小,但明显可见,淡紫色,卵形或长椭圆形,有时呈短镰形,边缘有数条紫色繸毛,在小的箨鞘上则可无箨耳及鞘口繸毛或仅有数条细弱的繸毛；箨舌低，微凹乃至微呈拱形，边缘生白色短纤毛；箨片直立，三角形至狭长三角形，绿色、绿紫色或紫色，背部呈舟形隆起。末级小枝具2叶，稀可1或3叶；叶鞘除边缘外无毛；无叶耳，鞘口繸毛直立，易断落；叶舌短；叶片披针形或线状披针形，下表面在基部有毛。花枝呈紧密的头状，通常侧生于老枝上，基部托以4~6片逐渐增大的鳞片状苞片，如生于具叶嫩枝的顶端，则仅托以1或2片佛焰苞，后者的顶端有卵形或长卵形的叶状缩小叶，如在老枝上的花枝则具佛焰苞2~6片，纸质或薄革质，广卵形或更宽，惟渐向顶端者则渐狭窄；并变为草质，先端具短柔毛，边缘生纤毛，其他部分无毛或近于无毛，顶端具小尖头，每片佛焰苞腋内有假小穗4~7枚，有时可少至1枚；假小穗下方常托以形状、大小不一的苞片，多少呈膜质，背部具脊，先端渐尖，先端及脊上均具长柔毛，侧脉2或3对，极细弱。小穗含3~7朵小花，上部小花不孕；小穗棒状，无毛，顶端近于截形；颖0~3片，大小、形状、质地与其下的苞片相同，有时上部者则可与外稃相似；外稃披针形，上部或中上部被以斜开展的柔毛，9~13脉，背脊仅在上端可见，先端锥状渐尖；内稃多少短于外稃，除基部外均被短柔毛；鳞被菱状卵形，长约3mm，有7条细脉纹，边缘生纤毛；花柱柱头3，有时2，羽毛状。果实未见。笋期5月，花期4~8月。

【生长习性】

气候条件：喜温暖湿润、通风良好、光照充足的环境，耐半阴，不耐寒。

土壤条件：喜温暖、湿润的气候和肥沃、疏松的土壤，怕水、怕旱而不耐瘠薄。

分布地点：产黄河流域及其以南各地。多生于河流两岸及山谷中，为长江流域及其以南最常见的野生竹种。

【食用部位及食用方法】叶、笋。叶可生食或加工成菜肴，药用时一般水煎内服或捣汁外敷。笋的食用方法同麻竹。

【栽培技术】

繁殖方法：种子繁殖。一般在9~10月种子成熟时采摘，放阴凉处风干后收藏。翌年3~4月，用撒播法将种子撒入有培养土的地内，压平、覆薄土。10天后，水竹相继发芽。水竹栽植前要整地。整地要求全面翻土，深度20~30cm。翻土时，将表土翻入底层，有利于有机物分解；底土翻到表层，有利于矿物质风化。均匀碎土，开排水沟。每亩密度40~60丛，每丛4~8株，株行距可用4m×4m或3.5m×3m。造林穴长70cm，宽、深各40cm。

土壤要求：要求土壤肥沃、排水良好、地下水位不高的地方。山地地区选择背风向阳的空地、缓坡；平原地带则选择林旁、宅旁、河流两岸，河中沙洲等。

植株管理：水竹栽植后1~2年，杂草丛生，每年要在5~6月和8~9月进行中耕除草，以减少林地养分和水分的争夺，从而改善竹株生长条件。

【价值】水竹竹材韧性好，栽培的水竹竹竿粗直，节较平，宜编制各种生活及生产用具。著名的湖南益阳水竹席就是用本种为材料编制而成的。水竹叶有清热、利尿、消肿、解毒的功效。笋供食用。

三、叶 篇

1. 鄂西清风藤

【学名】*Sabia campanulata* subsp. *ritchieae*（Rehd. et Wils.）Y. F. Wu

【科属】清风藤科 Sabiaceae 清风藤属 *Sabia*。

【识别特征】落叶攀援木质藤本；小枝淡绿色，有褐色斑点、斑纹及纵条纹，无毛。芽鳞卵形或阔卵形，先端尖，有缘毛。叶膜质，嫩时披针形或狭卵状披针形，成长叶长圆形或长圆状卵形，先端尾状渐尖或渐尖，基部楔形或圆形，叶面深绿色，有微柔毛，老叶脱落近无毛，叶背灰绿色，无毛或脉上有细毛；侧脉每边 4～5 条，在离叶缘 4～5mm 处开叉网结，网脉稀疏，侧脉和网脉在叶面不明显；被长柔毛。花绿色或黄绿色，单生于叶腋，很少 2 朵并生；萼片 5，半圆形，花瓣 5 片，宽倒卵形或近圆形，雄蕊 5 枚，花丝扁平，花药外向开裂；花盘肿胀，高短于宽，中部最宽，边缘有浅圆齿；子房无毛。分果爿阔倒卵形，幼嫩时为宿存花瓣所包围；果核有中肋，中肋两边有蜂窝状凹穴，两侧面具块状或长块状凹穴，腹部稍凸出。花期 5 月，果期 7 月。

分布地点：产西藏南部，我国西南地区也有一定分布。生于海拔 2300～2800m 的山坡疏林中或铁杉林下。尼泊尔、印度和不丹也有分布。

【食用部位及食用方法】嫩芽。水烫、浸泡后，炒或凉拌。

【栽培技术】

繁殖方法：扦插或用种子繁殖。种子繁殖，入土深度 10cm 左右。

土壤要求：育苗地应选择土壤疏松、水源好、灌溉方便、交通条件好的地方。应选择偏碱的土壤。

植株管理：旺盛生长期要经常剪去老叶和发育不好的枝叶，秋冬季进入落叶期清除老叶片，放置于植株周围，有保温作用，在翌年植株萌动前清除枯叶。

肥水管理：在 4 月上旬追施尿素。当采收 2～3 茬后，应补足肥料，一般 20 天追肥 1 次。同时要保持土壤的湿润。土壤以见干见湿为准，空气相对湿度不低于 85%。夏季一般 3～5 天浇 1 次水，雨后要及时排水。秋季在落叶后施肥，均匀平铺于地面。

采收：翌年 5～6 月。

【价值】根、茎、枝入药有祛风除湿、消炎止痛功效，可治疗风湿骨痛、跌打损伤等。幼枝叶也可开发作为饲料植物。

2. 四川清风藤

【学名】_Sabia schumanniana_

【科属】清风藤科 Sabiaceae　清风藤属 _Sabia_。

【识别特征】落叶攀援木质藤本，老枝紫褐色，常留有木质化成单刺状或双刺状的叶柄基部。单叶互生；叶柄长 2～5mm，被柔毛；叶片近纸质，卵状椭圆形、卵形或阔卵形，长 3.5～9cm，宽 2～4.5cm，叶面中脉有稀疏毛，叶背带白色，脉上被稀疏柔毛；侧脉每边 3～5条。花先叶开放，单生于叶腋，花小，两性；苞片 4，倒卵形；花梗长 2～4mm，果时增长至 2～2.5cm；萼片 5，近圆形或阔卵形，具缘毛；花瓣 5，淡黄绿色，倒卵形或长圆状倒卵形，长 3～4mm，具脉纹；雄蕊 5；花盘杯状，有 5 裂齿；子房卵形，被细毛。分果片近圆形或肾形，直径约 5mm；核有明显的中肋，两侧面具蜂窝状凹穴。花期 2～3 月，果期 4～7 月。

分布地点：分布于江苏、安徽、浙江、江西、福建、广东、广西、贵州等地。生于海拔 800m 以下的山谷、林缘灌木林中。

【食用部位及食用方法】嫩芽。水烫、浸泡后，炒或凉拌。还可以泡酒，具有止痛、抗风湿作用。

【栽培技术】

繁殖方法：扦插或用种子繁殖。清风藤的自然结果率不高，故多用扦插繁殖。春季，硬枝扦插，按行株距 6cm×6cm 斜插于土中，保持湿润。插后 45～60 天可定植。按行株距 250cm×250cm 开穴，施足基肥后选阴雨天种植。

土壤要求：在雨量充沛、云雾多、土壤和空气湿度大的条件下，植株生长健壮。要求含腐殖质多而肥沃的砂质壤土栽培为宜。

【价值】主治风湿痹痛、脚气、跌打肿痛、骨折、脊椎炎等。

3. 青荚叶

【学名】*Helwingia japonica*（Thunb.）Dietr. subsp. *japonica* var. *japonica*

【别名】叶上花、叶上果。

【科属】山茱萸科 Cornaceae 青荚叶属 *Helwingia*。

【识别特征】落叶灌木，高 1～2m；幼枝绿色，无毛，叶痕显著。叶纸质，卵形、卵圆形，稀椭圆形，先端渐尖，极稀尾状渐尖，基部阔楔形或近于圆形，边缘具刺状细锯齿；叶上面亮绿色，下面淡绿色；中脉及侧脉在上面微凹陷，下面微突出；托叶线状分裂。花淡绿色，3～5 数，花萼小，镊合状排列；雄花 4～12，呈伞形或密伞花序，常着生于叶上面中脉的 1/2～1/3 处，稀着生于幼枝上部；雄蕊 3～5，生于花盘内侧；雌花 1～3 枚，着生于叶上面中脉的 1/2～1/3 处；子房卵圆形或球形，柱头 3～5 裂。浆果幼时绿色，成熟后黑色，分核 3～5 枚。花期 4～5 月，果期 8～9 月。

【生长习性】

气候条件：忌高温、干燥气候。

海拔条件：海拔 3300m 以下的林中。

分布地点：本种广布于我国黄河流域以南各省份。日本、缅甸北部、印度北部也有分布。

【食用部位及食用方法】嫩芽。水稍烫，漂洗，然后炒、凉拌、油炸或做汤。

【栽培技术】

繁殖方法：用种子繁殖，也可扦插、压条繁殖。

土壤要求：要求腐殖质含量高的森林土，忌高温、干燥气候。

【价值】具有极高的观赏价值和药用价值。青荚叶具有优美的树姿、奇特的叶上开花和叶上挂果等园林形态特征。而青荚叶的根味辛，微甘，性平，能驱风除湿，祛瘀活血，可治胃痛、痢疾、便血、子宫脱出等病症。其叶入药，可治小儿高烧，外用治烧烫伤、毒蛇咬伤，也有清热解毒、消肿止痛的功效。其干燥茎髓入药，具有清热利尿、下乳等作用。

4. 刺五加

【学名】*Radix Acanthopanacis* Senticosl

【别名】刺拐棒、坎拐棒子、一百针、老虎潦。

【科属】五加科 Araliaceae 五加属 *Acanthopanax*。

【识别特征】茎通常被密刺并有少数笔直的分枝，有时散生，通常很细长，常向下，基部狭，一般在叶柄基部刺较密。小叶 5，有时 3，纸质，有短柄，上面有毛或无毛，幼叶下面沿脉一般有淡褐色毛，椭圆状倒卵形至矩圆形，边缘有锐尖重锯齿；伞形花序单个顶生或 2~4 个聚生，具多花，无毛；萼无毛，几无齿至不明显的 5 齿；花瓣 5，卵形；雄蕊 5；子房 5 室，花柱合生成柱状。果几球形至卵形，有 5 棱。根茎结节状不规则圆柱形；表面灰褐色，有皱纹；上端有不定芽发育的细枝。根圆柱形，多分枝，常扭曲；表面灰褐色或黑褐色，粗糙、皮薄，剥落处呈灰黄色；质硬，断面黄白色，纤维性；有特异香气，味微辛，稍苦、涩。

【生长习性】

气候条件：喜温暖湿润气候，耐寒、耐微荫蔽。

土壤条件：适于向阳、腐殖质层深厚、微酸性的砂质壤土。生于森林或灌丛中，海拔数百米至 2000m。

【食用部位及食用方法】 嫩芽。根皮、茎皮可入药。将马铃薯切成细条与五加嫩芽炒菜，味美、可口。

【栽培技术】

繁殖方法：①种子繁殖。一般在菜园地上育苗，做畦宽约 1m，畦面耙细、平整，按 10cm 行距开沟穴播，穴距 8cm，每穴 2~3 粒种子，播后覆土 2cm 左右，覆土后稍加镇压、浇水，土上盖 3cm 厚树叶。适当浇水保持湿润，30 天左右出苗。②扦插繁殖。在 6 月下旬至 7 月上旬，剪取生长充实半木质化的枝条，截成 10cm 左右的小段做扦插条，将插条在 100mg/kg 吲哚丁酸溶液中蘸一下，促进插条生根。按行距 15cm、株距 8cm，将插条斜插入苗床土中，入土深为插条2/3，浇水后覆盖薄膜，保温、保湿，约 20 天左右生根，去掉薄膜，为避免强光直射，在插床上搭遮阳棚，生长 1 年后移栽。③分株繁殖。可在早春将植株周围分蘖幼株连根挖出或连同母株一起挖出分株，挖穴定植。这种方法成活率高、生长快。移栽进土层深厚的山坡地、林边空地、荒地，按 2m×2m 株行距定植。

植株管理：播种育苗田在苗高 5cm 时间苗，拔去弱苗；苗高 10cm 时按株距 8cm 定苗。为了促进植株生长，在定苗后及时松土除草并施 2000kg/亩粪水，施肥后浇 1 次清水，初秋追肥 10kg/亩尿素，幼苗定植后，在株旁开沟施堆肥或厩肥。

【价值】 具有很高的药用价值。刺五加的作用特点与人参基本相同，能调节机体，具有益精、祛风湿、壮筋骨、活血去瘀、健胃利尿等功能。刺五加有良好的抗疲劳作用，并能明显地提高耐缺氧能力，久服"轻身耐劳"。刺五加含有刺五加甙，其能刺激精神和身体活力。

5. 树头菜

【学名】*Crateva unilocalaris* Buch. – Ham.

【别名】刺龙芽、刺嫩芽、刺苞头、五龙头。

【科属】山柑科 Capparaceae 鱼木属 *Crateva*。

【识别特征】乔木，高 5～15m 或更高，花期时树上有叶。枝灰褐色，常中空，有散生灰色皮孔。小叶薄革质，干后褐绿色，表面略有光泽，背面苍灰色，侧生小叶基部不对称，长约为宽的 2～2.5 倍，顶端渐尖或急尖，中脉带红色，侧脉 5～10 对，网状脉明显；托叶细小，早落；顶端向轴面有腺体。总状或伞房状花序着生在下部有数叶的小枝顶部，生花的部位与生叶的部位略有重叠，有花 10～40 朵，花后序轴无显著增长，常有花梗脱落后留下的疤痕；萼片卵状披针形；花瓣白色或黄色，柱头头状，近无柄，在雄花中雌蕊不育且近无柄。果球形，干后灰色至灰褐色，果皮厚约 2mm，表面粗糙，有近圆形灰黄色小斑点；果时花梗、花托与雌蕊柄均木化增粗。种子多数，暗褐色，长 8～12mm，宽 4～10mm，高 3～6mm，种皮平滑。花期 3～7 月，果期 7～8 月。

【生长习性】

气候条件：喜湿润。

海拔条件：常生于平地或海拔 1500m 左右的湿润地区，村边道旁常有栽培。

分布地点：分布在广东、广西及云南等地。尼泊尔、印度、缅甸、老挝、越南、柬埔寨都有。

【食用部位及食用方法】嫩芽。树头菜可炒食或凉拌，口感极佳，其味苦凉回甜。树头菜烹饪前应沸水煮 3～5min，去除苦味，其后与火腿、鸡蛋、肉类炒食。树头菜因其季节性非常强，唯当春之季方出产，过了季就老而不可食，因此用树头菜做酱菜，腌渍存储，是比较常见的一种食用方法。

【栽培技术】

繁殖方法：①种子繁殖。一般采用春播，最佳播种时间为立春前10 天，播种方法有撒播、条播和穴播，常用撒播和穴播，播种后上面要加盖一层筛过的细土，浅盖过种子即可，并及时浇 1 次透水，最后加盖 30cm 高的遮阴网。②扦插繁殖：一般每亩扦插 1.5 万 ~ 1.7 万株，以株行距 20cm × 20cm，入土 15cm，外露 5cm，与地面呈 45°角扦插。最后加盖防晒网。

土壤要求：育苗地选择在适宜树头菜生长的地带，背风向阳，排灌方便，肥沃疏松、透气良好的砂质壤土地块，最好有遮阴树，若无，要进行人工遮阴。

植株管理：苗床要保持土壤湿润，不能过干或过涝，适时除去遮阳网，注意定苗，除杂。树头菜长出 3 ~ 4 片真叶的时候，要追肥。待苗长到 1.5m 高的时候要进行打顶，促进分枝。

肥水管理：树头菜长出 3 ~ 4 片真叶的时候，用腐熟的人畜薄粪水施第一次追肥，也可以每亩撒施 2 ~ 3kg 复合肥，并配合中耕除草，使肥料混入土中。长出 5 ~ 6 片真叶的时候，进行第二次追肥，肥料数量和浓度适当增加。

【价值】每克树头菜嫩茎叶鲜样中含粗蛋白 74.5mg，总氨基酸 27.2mg，人体必需氨基酸 11.2mg，远远高于普通蔬菜。而且 11 种矿质元素的含量普遍高于普通蔬菜的平均值，尤其是 P、K、Ca、Mg、Fe 的含量是普通蔬菜的数倍。充分说明树头菜是营养价值很丰富的一种野生蔬菜，极具开发利用价值。而且树头菜还具有清火健胃，安神降压、壮肾利尿、解热驱虫等功效，可作为鲜药使用。

6. 冬　青

【学名】$llex\ chinensis$ Sims

【别名】北寄生、槲寄生、桑寄生、柳寄生、黄寄生。

【科属】冬青科 Aquifoliaceae 冬青属 $Ilex$ 。

【识别特征】常绿乔木，高达 13m；树皮灰黑色，当年生小枝浅灰色，圆柱形，具细棱；二至多年生枝具不明显的小皮孔，叶痕新月形，凸起。叶片薄革质至革质，椭圆形或披针形，稀卵形，先端渐尖，基部楔形或钝，边缘具圆齿，或有时在幼叶为锯齿，叶面绿色，有光泽，干时深褐色，背面淡绿色，主脉在叶面平，背面隆起，侧脉6～9对，在叶面不明显，叶背明显，无毛，或有时在雄株幼枝顶芽、幼叶叶柄及主脉上有长柔毛；上面平或有时具窄沟。雄花：花序具3～4回分枝，花梗无毛，每分枝具花7～24朵；花淡紫色或紫红色，4～5基数；花萼浅杯状，裂片阔卵状三角形，具缘毛；花冠辐状，花瓣卵形，开放时反折，基部稍合生；雄蕊短于花瓣，花药椭圆形；退化子房圆锥状。雌花：花序具1～2回分枝，具花3～7朵，总花梗扁，二级轴发育不好；花萼和花瓣同雄花，退化雄蕊长约为花瓣的1/2，败育花药心形；子房卵球形，柱头具不明显的4～5裂，厚盘形。果长球形，成熟时红色；分核4～5，狭披针形，背面平滑，凹形，断面呈三棱形，内果皮厚革质。花期4～6月，果期7～12月。

【生长习性】

气候条件：亚热带气候，喜温暖气候，有一定耐寒力。

土壤条件：适生于肥沃湿润、排水良好的酸性土壤。

海拔条件：海拔500～1000m。

分布地点：产于浙江、江西、福建、江苏、安徽、台湾、河南、湖北、广东、广西和云南等地。

【食用部位及食用方法】芽。嫩芽水煮、浸泡、漂洗后，炒食。

【栽培技术】

繁殖方法：种子繁殖。大叶冬青种子休眠期长达3年，种子需用湿沙贮存1.0～1.5年，并进行变温处理。用40℃的温水浸泡12h，置于5℃低温下处理24h；再用40℃的温水浸10h，用0.3%的高锰酸钾溶液浸泡20～30min，取出用清水泡8～10h，置于沙床内催芽。经3月左右，种子陆续萌动、露白后播种。

植株管理：冬青每年发芽长枝多次，耐修剪。夏季修剪一次，秋季可根据需求修剪植株为球形或圆锥形，并适当疏枝。冬季寒冷的地方可以堆土，达到防寒的效果。

肥水管理：主要是在幼苗生长旺期施肥。每隔 4～5 天叶面喷施 0.1%～0.3% 过磷酸钙和磷酸二氢钾溶液 1 次，促进根系生长发育和茎木质化；7～8 月每隔 5 天叶面喷施 0.1% 尿素液 1 次。苗木生长后期，每隔 5～7 天叶面喷施 0.3% 磷酸二氢钾或 0.2%～0.3% 的硫酸钾溶液 1 次，促进苗木木质化，增强越冬抗寒性。秋后增施钾肥，促进苗木木质化，后期适当缩短遮阳时间，从 9 上旬起，逐步揭除遮阳网，增加光照。

采收：在秋季果熟后采收。

【价值】本种为我国常见的庭园观赏树种。木材坚韧，供细工原料，用于制玩具、雕刻品、工具柄、刷背和木梳等。树皮及种子供药用，为强壮剂，且有较强的抑菌和杀菌作用。叶有清热利湿、消肿镇痛之功效，用于肺炎、急性咽喉炎症、痢疾、胆道感染、外治烧伤、下肢溃疡、皮炎、湿疹、脚手皮裂等。根亦可入药，味苦，性凉，有抗菌、清热解毒消炎的功能，用于上呼吸道感染、慢性支气管炎、痢疾、外治烧伤烫伤、冻疮、乳腺炎。树皮含鞣质，可提制栲胶。

7. 臭 椿

【学名】*Ailanthus altissima*（Mill.）Swingle

【别名】臭椿皮、大果臭椿。

【科属】苦木科 Simaroubaceae 臭椿属 *Ailanthus*。

【识别特征】落叶乔木，高可达 20 余 m，树皮平滑而有直纹；嫩枝有髓，幼时被黄色或黄褐色柔毛，后脱落。叶为奇数羽状复叶，有小叶 13～27；小叶对生或近对生，纸质，卵状披针形，先端长渐尖，基部偏斜，截形或稍圆，两侧各具 1 或 2 个粗锯齿，齿背有腺体 1 个，叶面深绿色，背面灰绿色，揉碎后具臭味。圆锥花序；花淡绿色；萼片 5，覆瓦状排列；花瓣 5，基部两侧被硬粗毛；雄蕊 10，花丝基部密被硬粗毛，雄花中的花丝长于花瓣，雌花中的花丝短于花瓣；花药长圆形；心皮 5，花柱粘合，柱头 5 裂。翅果长椭圆形；种子位于翅的中间，扁圆形。花期 4～5 月，果期 8～10 月。

【生长习性】

气候条件：喜光，耐寒，耐旱，不耐水湿，不耐阴。在年平均气温 12～15℃、年降雨量 550～1200mm 范围内最适生长。

土壤条件：在重黏土和积水区生长不良。耐微碱，pH 值的适宜范围为 5.5～8.2。适生于深厚、肥沃、湿润的砂质土壤。

海拔条件：垂直分布在海拔 100～2000m 范围内。

分布地点：我国除黑龙江、吉林、新疆、青海、宁夏、甘肃和海南外，各地均有分布。世界各地广为栽培。

【食用部位及食用方法】嫩叶、芽。凉菜，炒食。

【栽培技术】

繁殖方法：种子繁殖。春播前用温水浸泡 24h，捞出后遮盖催芽，开沟条播，行距 50～60cm，覆土 1～1.5cm，每亩播量 7 斤，秋季落叶后，每 30cm 留一株，其余的一年生苗挖出移植。

土壤要求：除重盐碱地、重黏土地、白僵地以及地下水高于 1m 而又排水不良的低洼地，均可造林，即使在年降水量 200mm 以下，但只要有灌溉条件或呈无灌水条件而地下水充足且水质好、稳定的地方，也能栽植。

【价值】本种在石灰岩地区生长良好，可作石灰岩地区的造林树种，也可作园林风景树和行道树。木材黄白色，可制作农具车辆等；叶可饲椿蚕（天蚕）；树皮、根皮、果实均可入药，有清热利湿、收敛止痢等效；种子含油 35%。在北美、欧、亚洲不少城市自行繁殖，成为"杂草树"。

8. 香 椿

【学名】*Toona sinensis*（A. Juss.）Roem.

【别名】香椿铃、香铃子、香椿子、香椿芽。

【科属】楝科 Meliaceae 香椿属 *Toona*。

【识别特征】乔木；树皮粗糙，深褐色，片状脱落。叶具长柄，偶数羽状复叶，长 30～50cm 或更长；小叶 16～20，对生或互生，纸质，卵状披针形或卵状长椭圆形，先端尾尖，基部一侧圆形，另一侧楔形，不对称，边全缘或有疏离的小锯齿，两面均无毛，无斑点，背面常呈粉绿色，侧脉每边 18~24 条，平展，与中脉几成直角开出，背面略凸起；圆锥花序与叶等长或更长，被稀疏的锈色短柔毛或有时近无毛，小聚伞花序生于短的小枝上，多花；花具短花梗；花萼 5 齿裂或浅波状，外面被柔毛，且有睫毛；花瓣 5，白色，长圆形，先端钝，无毛；雄蕊 10，其中 5 枚能育，5 枚退化；花盘无毛，近念珠状；子房圆锥形，有 5 条细沟纹，无毛，每室有胚珠 8 颗，花柱比子房长，柱头盘状。蒴果狭椭圆形，深褐色，有小而苍白色的皮孔，果瓣薄；种子基部通常钝，上端有膜质的长翅，下端无翅。花期 6~8 月，果期 10~12 月。

【生长习性】

气候条件：年平均气温 12~16℃，温带和亚热带气候。香椿为阳性树种，喜光不耐阴，要求光照充足。

土壤条件：喜温怕涝，抗旱能力弱，适宜的土壤含水量为 70%，最适宜在土层深厚疏松、富含钙质的肥沃的砂壤土上生长，在 pH 值 5.5~8.0 的土壤中均可良好生长。

海拔条件：垂直分布在海拔 1500m 以下的山地和广大平原地区，最高达海拔 1800m。

分布地点：产华北、华东、中部、南部和西南部各省份；生于山地杂木林或疏林中，各地也广泛栽培。朝鲜也有分布。

【食用部位及食用方法】嫩芽、嫩叶。洗净后做蔬菜食用，也可作为肉食配料。各地均喜掐取嫩芽、嫩叶，炒肉、炒蛋或以香油拌食，尤其在湖南西部、湖北南部，为多数人所钟爱。

【栽培方式】

繁殖方法：①种子育苗。播种采用条播或撒播，条距 15~20cm，播种量 60~75kg/hm²，播种后盖一层经沤制的草皮灰和细土，厚度以不见种子为宜，用花洒淋水，并用茅草覆盖或用薄膜拱盖。播种后每间隔一周揭膜通风换气，松土除草，苗木出土后由于疏密不匀，应及时间苗。②扦插育苗。于 3~4 月，在 3~4 年生幼树上采集 0.5cm 以上根系，然后剪成 15～20cm 长的根段，随剪随插，促使幼根长成萌蘖苗。

植株管理：用 1 年生营养杯苗或裸根苗种植，时间在春季香椿萌芽前雨后阴天进行。移植后第一年要进行两次人工铲草抚育，第一次在 4～5 月，铲草结合培土；第二次在 9～10 月，铲草结合追肥，每株施 150g 复合肥或其他有机肥，连续抚育 2 年。

肥水管理：在苗木生长期，要薄施和勤施肥料，以施有机肥为主，如腐熟的人粪尿、花生麸等，淋水要量少次数多。速生期要加强水肥管理，应适量增施化肥，如硫酸铵、尿素等。由于香椿速生，9 月份后应控制水肥供应，可施磷、钾肥，增强苗木木质化程度，提高苗木抗逆性能，并做好防寒越冬工作。

【价值】木材黄褐色而具红色环带，纹理美丽，质坚硬，有光泽，耐腐力强，易施工，为家具、室内装饰品及造船的优良木材。根皮及果入药，有收敛止血、去湿止痛之功效。

9. 栾 树

【学名】*Koelreuteria paniculata* Laxm.

【别名】木老芽、灯笼树。

【科属】无患子科 Sapindaceae 栾树属 *Koelreuteria*。

【识别特征】落叶乔木或灌木；树皮厚，灰褐色至灰黑色，老时纵裂；皮孔小，灰至暗褐色；小枝具疣点，与叶轴、叶柄均被皱曲的短柔毛或无毛。叶丛生于当年生枝上，平展，一回、不完全二回或偶有为二回羽状复叶，长可达 50cm；小叶(7～)11～18 片（顶生小叶有时与最上部的一对小叶在中部以下合生），无柄或具极短的柄，对生或互生，纸质，卵形、阔卵形至卵状披针形，顶端短尖或短渐尖，基部钝至近截形，边缘有不规则的钝锯齿，齿端具小尖头，有时近基部的齿疏离呈缺刻状，或羽状深裂达中肋而形成二回羽状复叶，上面仅中脉上散生皱曲的短柔毛，下面在脉腋具髯毛，有时小叶背面被茸毛。聚伞圆锥花序密被微柔毛，分枝长而广展，在末次分枝上的聚伞花序具花 3～6 朵，密集呈头状；苞片狭披针形，被小粗毛；花淡黄色，稍芬芳；萼裂片卵形，边缘具腺状缘毛，呈啮蚀状；花瓣 4，开花时向外反折，线状长圆形，瓣爪长 1～2.5mm，被长柔毛，瓣片基部的鳞片初时黄色，开花时橙红色，参差不齐的深裂，被疣状皱曲的毛；雄蕊 8 枚，花丝下半部密被白色、开展的长柔毛；花盘偏斜，有圆钝小裂片；子房三棱形，除棱上具缘毛外无毛，退化子房密被小粗毛。蒴果圆锥形，具 3 棱，顶端渐尖，果瓣卵形，外面有网纹，内面平滑且略有光泽；种子近球形。花期 6～8 月，果期 9～10 月。

【生长习性】

气候条件：耐寒、耐旱。

土壤条件：土质以深厚、湿润的土壤最为适宜。

海拔条件：分布在海拔 1500m 以下的低山及平原，最高可达海拔 2600m。

分布地点：产我国大部分省份，东北自辽宁起经中部至西南部的云南。

【食用部位及食用方法】 嫩芽、叶。摘取新鲜的栾树芽、叶，洗干净用开水烫或水煮 3 min；放在凉水中浸泡一段时间，沥去多余的水分；经处理过的嫩芽可以凉拌、炒食、蒸食或做馅。凉拌：在处理好的嫩叶或芽中，加入食盐、醋、蒜蓉等调料，拌匀即可。炒食：将处理过的嫩叶或芽切碎后，即可炒食。蒸食：将处理过的嫩叶或芽拌入油盐等调料，与面混匀，蒸熟，做蔬菜馒头或窝窝头。做馅：将处理过的嫩叶或芽切碎拌入油盐等调料，可以用来包饺子。栾树嫩叶或芽除了直接食用之外，还可以经过简单工艺加工，如腌渍、制罐头、脱水菜等。

【栽培技术】

繁殖方法：种子繁殖。一般采用条播，行距 20～25cm，播种深度 2～3cm。播后覆细土厚 1～2cm，并盖草以提高地温和保湿。种子发芽出土后，要及时分批去除覆草，做好除草等田间管理。当苗高 5～10cm 时，要进行间苗，株距保持 10cm，间苗要在阴雨天进行为好。结合间苗，对缺株进行补苗处理，以保证幼苗分布均匀。间苗后结合浇水施追肥。

土壤要求：栾树喜温暖湿润气候，适生性广，耐干旱瘠薄，耐盐渍性较强；对土壤要求不严，在微酸性与微碱性土壤上都能生长，喜生于石灰质土壤；也耐短期水涝，可抗 −25℃ 低温；较易栽培，对造林地选择不严。

植株管理：播种后，随即用小水浇一次，然后用草、秸秆覆盖，约 20 天出苗。之后撤稻草或者秸秆。遮阴，间苗、补苗，经常松土。播种苗于当年秋季落叶后即可掘起入沟假植，翌春分栽。

肥水管理：施肥是培育壮苗的重要措施。幼苗出土长根后，宜结合浇水勤施肥。在生长旺期，应施以氮肥为主的速效性肥料。入秋，要停施氮肥，增施磷、钾肥。春季，宜施农家有机肥料作为基肥。随着苗木的生长，应该逐步加大施肥量。经常浇水，保持床面湿润。

【价值】栾树属树种有很高的观赏价值，春季嫩叶红色，夏季满树黄花，清新秀丽，秋季果实橙黄如串串灯笼。因此，栾树在园林中应用广泛，宜作庭荫树和行道树，常栽植于溪边、池畔、园路旁或草坪边缘。又因其生态功能，适于种植在工厂矿区等地区作为污染防护林。栾树叶含鞣质，属水解类鞣质，可提制栲胶。栾树叶还具有很强的抗菌作用，同时该树种木材质脆，适作板材、器具。栾树属植物的花具有很高的药用价值。栾树种子含油脂，可榨油，可制润滑油和肥皂，可作为优良的木本油料植物开发。

10. 厚壳树

【学名】*Ehretia thyrsiflora*（Sieb. et Zucc.）Nakai

【别名】大岗茶、松杨。

【科属】紫草科 Boraginaceae 厚壳树属 *Ehretia*。

【识别特征】落叶乔木，高达 15m，具条裂的黑灰色树皮；枝淡褐色，平滑，小枝褐色，无毛，有明显的皮孔；腋芽椭圆形，扁平，通常单一。叶椭圆形、倒卵形或长圆状倒卵形，先端尖，基部宽楔形，稀圆形，边缘有整齐的锯齿，齿端向上而内弯，无毛或被稀疏柔毛；

叶柄无毛。聚伞花序圆锥状，被短毛或近无毛；花多数，密集，小形，芳香；裂片卵形，具缘毛；花冠钟状，白色，裂片长圆形，开展，较筒部长；雄蕊伸出花冠外，花药卵形；核果黄色或橘黄色，直径 3～4mm；核具皱折，成熟时分裂为 2 个具 2 粒种子的分核。

【生长习性】

气候条件：耐水湿也耐干旱，喜光且耐阴。

海拔条件：海拔 100～1700m 丘陵、平原疏林、山坡灌丛及山谷密林。

分布地点：华南、华东地区及台湾、山东、河南等地。日本、越南有分布。

【食用部位及食用方法】嫩芽、叶、心材、树枝。叶、心材、树枝入药，嫩芽可食用。幼叶可代茶，有健胃功能。

【栽培技术】

繁殖方法：①种子繁殖。播种量为 60～97.5kg/hm^2，采用开沟条播法，沟深 2～3m，行距 20～40cm。灌足底水，水渗后将种子均匀撒入播种沟内，播后立即覆土，厚度 1.5～2cm。播后 10 天始出苗，当幼苗长出 4～5 片真叶时，应及时进行间苗和移栽补缺，苗木生长期，进行施肥。②根插繁殖。根插采穗的最佳时间是在秋末树叶自然落完后至土壤封冻前，插穗粗度以 1～3cm 为宜，根据根的粗细剪取插穗的长度为 4～7cm，穗剪成后要进行消毒，凉干后进行沙藏，翌年春季愈伤组织形成后，即可埋根育苗。③枝条扦插繁殖。扦插时间为苗木正常落叶后至土壤封冻前。种条要选用健壮、无病虫害、直径 10～15mm 的优质一年生条。株行距 5cm×8cm，插穗长 8～12cm 为宜，上部离芽 1cm 处平剪，下部剪成斜面。扦插深度为插穗长的 3/4，插完后撒 1cm 左右的一层碎土，以利于浇水后将插条基部空隙填实，使插条与土壤密接。浇水后及时盖棚覆膜。

土壤条件：栽植的地块应选用排灌方便、土壤通气良好的砂壤土和壤土，pH 值 5.5～7.5，土层厚度在 1m 以上。

植株管理：在 5～6 月干旱季节，适时灌溉，保证苗木旺盛生长，苗木生长期进行施肥、松土除草和间作套种，苗木长大后要进行修剪。

肥水管理：肥料是厚壳树速生的必要条件。定植时要在树穴内施基肥，一般土杂肥每个树穴可施 10～20kg，生长高峰期出现之前，进行追肥，追肥量幼树每株 0.5kg 尿素，大树每株 1kg。施肥要与浇水结合进行。

【价值】可作行道树，供观赏；木材供建筑及家具用；树皮作染料；嫩芽可供食用；叶、心材、树枝入药。叶性甘，微苦，可清热暑，去腐生肌，主治感冒及偏头痛；心材性甘，咸，平，可破瘀生新，止痛生肌，主治跌打损伤、肿痛、骨折、痛疮红肿；树枝性苦，可收敛止泻，主治肠炎腹泻。

11. 黄连木

【学名】*Pistacia chinensis* Bunge

【别名】楷木、惜木、孔木、鸡冠果。

【科属】漆树科 Anacardiaceae 黄连木属 *Pistacia*。

【识别特征】落叶乔木，高达 20 余 m；树干扭曲。树皮暗褐色，呈鳞片状剥落，幼枝灰棕色，具细小皮孔，疏被微柔毛或近无毛。奇数羽状复叶互生，有小叶 5～6 对，叶轴具条纹，被微柔毛，叶柄上面平，被微柔毛；小叶对生或近对生，纸质，披针形、卵状披针形或线状披针形，先端渐尖或长渐尖，基部偏斜，全缘，两面沿中脉和侧脉被卷曲微柔毛或近无毛，侧脉和细脉两面突起；花单性异株，先花后叶，圆锥花序腋生，雄花序排列紧密，雌花序排列疏松，均被微柔毛；花小，花梗被微柔毛；苞片披针形或狭披针形，内凹，外面被微柔毛，边缘具睫毛；雄花：花被片 2～4，披针形或线状披针形，大小不等，边缘具睫毛；雄蕊 3～5，花丝极短，花药长圆形；雌蕊缺；雌花：花被片披针形或线状披针形，外面被柔毛，边缘具睫毛，里面 5片卵形或长圆形，外面无毛，边缘具睫毛；不育雄蕊缺；子房球形，无毛，花柱极短，柱头 3，厚，肉质，红色。核果倒卵状球形，略压扁，成熟时紫红色，干后具纵向细条纹，先端细尖。

【生长习性】

气候条件：喜光，幼时稍耐阴；喜温暖，畏严寒，耐干旱瘠薄。

土壤条件：适于微酸性、中性和微碱性的砂质、黏质土，在肥沃、湿润而排水良好的石灰岩山地生长最好。

海拔条件：海拔 140～3550m。

分布地点：产长江以南各省份及华北、西北地区。菲律宾亦有分布。

【食用部位及食用方法】嫩叶芽、花序。上等绿色蔬菜，清香、脆嫩、鲜美可口，炒、煎、蒸、炸、腌、凉拌、作汤均可。其种子是重要的油料植物资源。鲜叶可提芳香油，可制茶。

【栽培技术】

繁殖方法：种子繁殖。选择 20～40 年生、生长健壮、产量高的母树采种。当核果由红色变为黄绿色时及时采果，否则 10 天后自行脱落。把草木灰混入水中，然后浸种。或者用 5% 的石灰水浸泡 2～3 天，然后除去种皮蜡质，捞出种子用清水洗净，晾干后播种或贮藏。10 月中上旬，黄连木种子成熟后随采随播，种子不作处理也可成苗。一般在 11 月上中旬土壤封冻前，将种子用草木灰水或石灰水浸泡脱去果皮后播种。

苗期管理：播种后进行温湿度管理，棚内土壤湿度保持在田间最大持水量的 80%～90%，温度保持在 20～30℃，温度过高时放风或喷水。幼苗苗高 8～10cm 时进行间苗、除草。定苗后，进行叶面施肥。当外界气温平均达到 18℃ 时，可揭棚炼苗。苗高 40cm 以上时，可选择适当时机移苗造林。

肥水管理：在苗床上生长初期，每隔 10～15 天施浓度为 3%～5% 的人畜肥 1 次，每隔 15 天进行中耕除草 1 次，结合中耕，追施尿素 75 kg/hm² 左右，施硫酸钾（水溶）45 kg/hm²。

【价值】木材鲜黄色，可提黄色染料；材质坚硬致密，可供家具和细工用材；种子榨油可作润滑油或制皂；黄连木的树皮和叶可入药；黄连木也是重要的蜜源植物。此外，黄连木也有不俗的观赏价值。

12. 刺 桐

【学名】*Erythrina variegata* Linn.

【别名】海桐、山芙蓉、空桐树、木本象牙红。

【科属】蝶形花科 Papilionaceae 刺桐属 *Erythrina*。

【识别特征】大乔木，高可达20m。树皮灰褐色，枝有明显叶痕及短圆锥形的黑色直刺，髓部疏松，干枯部分成空腔。羽状复叶具3小叶，常密集枝端；托叶披针形，早落；叶柄通常无刺；小叶膜质，宽卵形或菱状卵形，先端渐尖而钝，基部宽楔形或截形；基脉3条，侧脉5对；小叶柄基部有一对腺体状的托叶。总状花序顶生，上有密集、成对着生的花；总花梗木质，粗壮，花梗具短绒毛；花萼佛焰苞状，口部偏斜，一边开裂；花冠红色，旗瓣椭圆形，先端圆，瓣柄短；翼瓣与龙骨瓣近等长；龙骨瓣2片离生，雄蕊10，单体；子房被微柔毛；花柱无毛。荚果黑色，肥厚，种子间略缢缩，稍弯曲，先端不育；种子1~8颗，肾形，暗红色。花期3月，果期8月。

【生长习性】

气候条件：喜温暖湿润、光照充足的环境，耐旱也耐湿。

土壤条件：喜肥沃、排水良好的砂壤土。

分布地点：产台湾、福建、广东、广西等地。常见于树旁或近海溪边，或栽于公园。原产印度至大洋洲海岸林中，内陆亦多有栽植。马来西亚、印度尼西亚、柬埔寨、老挝、越南亦有分布。

【食用部位】叶。内服可以煎汤、浸酒。水洗后可研末调敷。

【栽培技术】

繁殖方法：扦插繁殖。于4月间选择1~2年生，生长充实、健壮的枝条剪成12~20cm的枝段作插穗，插入砂土中。插后要注意浇水保湿，极易生根成活。苗应置于半阴处，经常保持盆土湿润。当插穗上长出红色的小芽时，即表示已经生根。扦插成活的幼苗，可在翌春分枝定植。

植株管理：温室盆栽需用大盆，春、夏要求水分充足，通风透光。过分炎热应放置半阴处培育。5~8月每隔2周施液肥1次。冬季要控制浇水，盆土湿润即可。老龄植株，要适当截干，重发枝叶后，调整树形。

肥水管理：盆栽可用蹄角片作底肥，每隔2~3周追施一次豆饼液肥，薄肥勤施。夏季可每天浇一次水，因为蒸发大，需要保持土壤湿润。同时，夏季需放置室外半遮阴处。冬季一般可每2~3天浇一次水。

【价值】树叶、树皮和树根可入药，有解热和利尿的功效。此外，刺桐还有极高的绿化价值，适合单植于草地或建筑物旁，可供公园、绿地及风景区美化，又是公路及市街的优良行道树。

13. 胡枝子

【学名】*Lespedeza bicolor* Turcz.

【别名】萩、胡枝条、扫皮、随甲茶。

【科属】蝶形花科 Papilionaceae 胡枝子属 *Lespedeza*。

【识别特征】直立灌木，高1~3m，多分枝，小枝黄色或暗褐色，有条棱，被疏短毛；芽卵形，具数枚黄褐色鳞片。羽状复叶具3小叶；托叶2枚，线状披针形；小叶质薄，卵形、倒卵形或卵状长圆形，先端钝圆或微凹，稀稍尖，具短刺尖，基部近圆形或宽楔形，全缘，上面绿色，无毛，下面色淡，被疏柔毛，老时渐无毛。总状花序腋生，比叶长，常构成大型、较疏松的圆锥花序；小苞片2，卵形，长不到1cm，先端钝圆或稍尖，黄褐色，被短柔毛；花梗短，密被毛；花萼5浅裂，裂片通常短于萼筒，上方2裂片合生成2齿，裂片卵形或三角状卵形，先端尖，外面被白毛；花冠红紫色，极稀白色（var. *alba* Bean），旗瓣倒卵形，先端微凹，翼瓣较短，近长圆形，基部具耳和瓣柄，龙骨瓣与旗瓣近等长，先端钝，基部具较长的瓣柄；子房被毛。荚果斜倒卵形，稍扁，表面具网纹，密被短柔毛。花期7~9月，果期9~10月。

【生长习性】

气候条件：中生性落叶灌木，耐阴、耐寒、耐干旱、耐瘠薄，最适 pH 值是 5.5~6.0。

海拔条件：生于海拔 150~1000m 的山坡、林缘、路旁、灌丛及杂木林间。

分布地点：产于黑龙江、吉林、辽宁、河北、内蒙古、山西、陕西、甘肃、山东、江苏、安徽、浙江、福建、台湾、河南、湖南、广东、广西等地。也分布于朝鲜、日本、俄罗斯（西伯利亚地区）等。

【食用部位及食用方法】叶。叶子具有浓郁的香味，适口性好，营养价值高，也可以泡茶喝。

【栽培技术】

繁殖方法：播种期 4 月下旬至 5 月上旬，条播，播幅 4~6cm，行距 12~15cm。苗出齐后 20 日左右间苗，一次定苗，大田式育苗每米留苗 30~35 株，床作时每平方米留苗 70~85 株，亩产苗 3 万~4 万株。

土壤要求：育苗地以有灌水条件的中性砂壤土为最好。

植株管理：出苗后及时中耕除草，到覆盖地面时完成首次中耕除草作业。结合中耕除草进行间、定苗，选长势一致的健壮苗留下，并培土干根际。播种造林要及时间苗、定苗，每穴留 2~3 株，缺苗补植，栽 2 年后进行平茬，每年产条 400kg 以上，每年或隔年平茬 1 次。3 年后即可采种，采种后进行割条。

肥水管理：育苗地肥力好的可不追肥，若施追肥可在 7 月中旬以前追 2~3 次。培育胡枝子苗宜在 8 月中旬前后"割梢"（在苗高 30~35cm 处割去枝梢），以利于幼苗木质化。

【价值】胡枝子有很高的饲用价值。枝条柔韧细长，俗称"苕条"，是编织业的原料，也是加工纤维板的原料树种。由于其生长快，封闭性好，且适于坡地生长，是丘陵漫岗水土流失区的治理树种，对控制水土流失意义重大。

14. 杜 仲

【学名】*Eucommia ulmoides* Oliver

【别名】思仲、银丝树、扯丝皮。

【科属】杜仲科 Eucommiaceae 杜仲属 *Eucommia*。

【识别特征】落叶乔木，高达 20m，胸径约 50cm；树皮灰褐色，粗糙，内含橡胶，折断拉开有多数细丝。嫩枝有黄褐色毛，不久变秃净，老枝有明显的皮孔。芽体卵圆形，外面发亮，红褐色，有鳞片 6~8 片，边缘有微毛。叶椭圆形、卵形或矩圆形，薄革质；基部圆形或阔楔形，先端渐尖；上面暗绿色，初时有褐色柔毛，不久变秃净，老叶略有皱纹，下面淡绿，初时有褐毛，以后仅在脉上有毛；侧脉 6~9 对，与网脉在上面下陷，在下面稍突起；边缘有锯齿；叶柄上面有槽，被散生长毛。花生于当年枝基部，雄花无花被；花梗无毛；苞片倒卵状匙形，顶端圆形，边缘有睫毛，早落；雄蕊长约 1cm，无毛，花丝长约 1mm，药隔突出，花粉囊细长，无退化雌蕊。雌花单生，苞片倒卵形，子房无毛，1 室，扁而长，先端 2 裂，子房柄极短。翅果扁平，长椭圆形，先端 2 裂，基部楔形，周围具薄翅；坚果位于中央，稍突起，子房柄与果梗相接处有关节。种子扁平，线形，两端圆形。早春开花，秋后果实成熟。

【生长习性】

气候条件：喜温暖湿润的气候和光照充足的环境。

海拔条件：生长于海拔 300~500m 的低山、谷地或低坡的疏林里。

分布地点：分布于陕西、甘肃、河南、湖北、四川、云南、贵州、湖南及浙江等地，现各地广泛栽种。

【食用部位及食用方法】叶。煎汤、浸酒或入丸、散。杜仲可以煮蛋、做粥、爆腰花、做杜仲药膳补品等。

【栽培技术】

播种方法：种子繁殖。播种前将种子浸在 20~25℃ 温水中 2~3

天，每天换水。浸种后捞出，晾干储存。一般等冬季播种。播种方法采用宽幅条播，播种沟深度为1~2cm，播幅20cm，播距20cm。每沟均匀播种60~80粒，播种量为90~120kg/hm²，平均产苗30万~45万株/hm²。播种后，应立即覆以疏松肥沃的细土，均匀平整地覆在播种沟上，并立即盖上地膜，膜要拉紧铺平，两侧用土压实，当幼苗破土萌发时，在阴天或晴天的早晚，揭去地膜，以防止膜下高温灼伤苗木。

土壤要求：苗圃地应选择土质疏松、肥沃、排灌良好的中性和石灰性土壤石灰，做床高15~20cm，宽100cm，步道兼排水沟宽40cm。

植株管理：栽植后每年松土除草2~3次。杜仲幼苗生长进入速生期后，应根据去弱留壮、去密留稀的原则及时进行间苗工作，间苗后株间距保持在6~10cm。同时结合套种以改良土壤，冬季进行整形修剪。

肥水管理：6~8月为杜仲苗本速生期，应加强施用追肥，叶片长出4片真叶时，施尿素15.0~22.5kg/hm²，以后每月施肥1次，每次用尿素量随着苗木高、粗的增长，施肥量从30kg/hm²增至150kg/hm²。施肥应与灌水或中耕除草同时进行。

【价值】药用价值：高血压患者服了可以降压，血压低的服后又能升压，这一独特的"双向调节"功能。经济价值：杜仲在第2年9月可收叶；第7年可收籽。其叶可做杜仲冲剂。杜仲栽种后5~6年内树间还可种庄稼。若种黄豆，可使杜仲产量提高1.7倍。6~7年后树下种天麻、灵芝、木耳及需遮阳的草本名贵药材则效益更高。

15. 羽叶金合欢

【学名】*Acacia pennata*（Linn.）Willd.

【别名】臭菜。

【科属】含羞草科 Mimosaceae 金合欢属 *Acacia*。

【识别特征】攀援、多刺藤本；小枝和叶轴均被锈色短柔毛。总叶柄基部及叶轴上部羽片着生处稍下均有凸起的腺体1枚；羽片线形，彼此紧靠，先端稍钝，基部截平，具缘毛，中脉靠近上边缘。头状花序圆球形，单生或 2～3 个聚生，排成腋生或顶生的圆锥花序，被暗褐色柔毛；花萼近钟状，5 齿裂；子房被微柔毛。果带状，无毛或幼时有极细柔毛，边缘稍隆起，呈浅波状；种子 8～12 颗，长椭圆形而扁。花期 3～10 月，果期 7 月至翌年 4 月。

【生长习性】

气候条件：喜光、喜温暖、不耐寒、耐瘠薄，可耐 0℃的低温及短时 −2℃的低温气候。

分布地点：产云南、广东、福建等地。多生于低海拔的疏林中，常攀附于灌木或小乔木的顶部。亚洲和非洲的热带地区广布。

【食用部位及食用方法】叶。先把采来的嫩叶洗净、切细，加入放有鸡蛋的碗内，撒些食盐、味精，调成糊，然后把糊状物倒入烧至 70℃左右的油锅内，摊开，翻动，煎成圆饼，盛入盘中，用小刀切成菱形或捣碎即可食用；还有一种传统的做法是与"帕弯"（水浮萍）、"帕顾"（水蕨菜）、"帕糯"（马蹄莲）、"帕崇贡"（一种小树叶）等混在一起做成野菜汤。

【栽培技术】

繁殖方法：种子繁殖。一般选择在春天播种。播前用 60～80℃热水浸种处理，每日一次。第三天取出，混以湿沙，在温暖处储存。覆盖稻草，以达到保湿效果。7 天后播种，3～5 天即可出苗。待苗高 20cm 时可移植到准备好的苗圃中，行距为 10cm×30cm。

土壤要求：对土壤要求不高，但以湿润疏松的微酸性或中性土壤及砂壤土为最好。

肥水管理：晴天，要浇水和遮阳，以利苗木的扎根成活。到秋末时施足基肥，保证金合欢的生长和壮大。

【价值】生态价值：多用途树种，生长快、耐盐渍；固氮且能接种菌根菌；抗风能力强；对亚热带地区盐渍地以及肥力低的红土的地力改良；适合风口区造林；对半干旱、干旱地区的植物恢复和水土流失治理均具有重要的引种价值。经济价值：木材坚硬，可制贵重器具用品；树干有橡胶，为工业原料；茎上流出的树脂可作药用；树皮、根皮含单宁；根和荚果可作黑色染料；树皮煎汁可制茶；根可入药；花极香，可提炼芳香油，作高级香水及化妆品的原料。

16. 豆腐柴

【学名】*Premna microphylla* Turcz.

【别名】观音柴、豆腐草、观音草等。

【科属】马鞭草科 Verbenaceae，豆腐柴属 *Premna*。

【识别特征】直立灌木；幼枝有柔毛，老枝变无毛。叶揉之有臭味，卵状披针形、椭圆形、卵形或倒卵形，顶端急尖至长渐尖，基部渐狭窄下延至叶柄两侧，全缘至有不规则粗齿，无毛至有短柔毛。聚伞花序组成顶生塔形的圆锥花序；花萼杯状，绿色，有时带紫色，密被毛至几无毛，但边缘常有睫毛，近整齐的 5 浅裂；花冠淡黄色，外有柔毛和腺点，花冠内部有柔毛，以喉部较密。核果紫色，球形至倒卵形。花果期 5～10 月。

【生长习性】

气候条件：耐高温、湿润，不耐严寒，有一定的抗旱性，适应年均温为 15～25℃，适应的年降水量为 1200～2000mm。

土壤条件：适生于排水良好的坡地，在微酸至酸性土壤上生长良好，最适土壤值 pH 值 4～7。

分布地点：在我国长江流域一带和南方各省份均有分布。日本也有分布。

【食用部位及食用方法】叶。将采集来的鲜柴叶清洗干净备用，把水烧开，倒入较大容器里，稍晾一会，待水温降至约80℃时，将洗干净的叶子放进热水里完全浸泡，不要搅拌。过 5min 翻个面，用工具按按，这时就会有汁水流出来。然后利用传统工艺做成观音豆腐。

【栽培技术】

繁殖方法：扦插育苗繁殖。插穗应于每年秋冬季或早春豆腐柴未萌芽前采集，选取扦穗枝条后，将枝条剪成具有 2 个饱满潜伏腋芽的短穗。剪取短穗时上下剪口应平滑，下端剪口与叶片生长方向平行，并紧靠节点，削成马耳形切口，上端剪口应在高于腋芽 0.2cm 处呈 45°角切断。扦插结束后应及时洒水保湿，随后以 80cm 左右间距用竹片搭成 40cm 高的拱形棚架，上面覆盖透光率 35% ~50% 的遮阳网进行遮阴，4 月上旬可将遮阳网揭除。

土壤要求：苗圃以选择交通、管理方便，地势平坦，水源充足洁净，排灌自如，肥力中上，土层深厚，结构疏松的砂壤土地块为宜。所选苗圃如是旱作熟地，疑有病菌残留的，应在翻耕整地时每公顷撒施生石灰 750~900kg 进行土壤消毒处理。

植株管理：苗木栽种后前期，植株长势弱、根系不发达、地面覆盖度低，主要工作是做好抗旱护苗、排水防涝工作，以利根系快速生长。可在苗木间用山地杂草或作物秸秆覆盖。雨天应注意排水防渍。

肥水管理：一般在扦插后 1 个月左右插穗长出新根，在新梢萌发时进行第 1 次施肥，每公顷用 10% 腐熟人粪尿或 0.5% 尿素溶液浇施。以后约每隔 30~40 天，用上述肥料加倍浓度进行浇施。如用固体肥料撒施，应在施肥后随即用清水淋浇苗木，以免肥料附着造成肥害。

【价值】根、茎、叶入药，清热解毒，消肿止血，主治毒蛇咬伤、无名肿毒、创伤出血。此外豆腐柴还有一定的饲用价值，经过调制后，可作为良等饲料。

17. 旋花茄

【学名】*Solanum spirale* Roxb

【别名】白条花、理肺散、倒提壶。

【科属】茄科 Solanaceae 茄属 *Solanum*。

【识别特征】直立灌木，高 0.5~3m，植株光滑无毛。叶大，椭圆状披针形，先端锐尖或渐尖，基部楔形下延成叶柄，两面均无毛，全缘或略波状，中脉粗壮，侧脉明显，每边 5~8 条；聚伞花序螺旋状，对叶生或腋外生，花柄细长，开展或弯卷；萼杯状，浅裂，萼齿圆钝或不明显，花冠白色，筒部隐于萼内，冠檐长约 6~7mm，5 深裂，裂片长圆形；花药黄色，顶孔向内，子房卵形，花柱丝状，柱头截形。浆果球形，橘黄色；种子多数，压扁。花期夏秋，果期冬春。

【生长习性】

海拔条件：生于海拔 500～2200m 的河边沙滩、村边、路旁、山谷、溪边灌木丛中或林下，稀生于荒地。

分布地点：产云南、广西、湖南等地。分布于印度、孟加拉国、缅甸及越南等国。

【食用部位及食用方法】嫩叶。傣族的食用方法为蒸、炒、腌等，用旋花茄叶裹上逐片投入油锅煎炸至绿叶熟脆，即装盘食用。

【栽培技术】

繁殖方法：一般都是先育苗后定植。种植前应该先将种子浸种以保证出苗。茄子种子表面有黏膜，浸种时间太短会使种子吸水量不足。从而影响出苗。在长出四片真叶以后，又有生长锥和次生轴的突起和分化，生长量大增，需要及时分苗。

土壤要求：要求疏松、肥沃、透气良好的土壤。作畦时，畦面要平，畦沟要深。否则会造成排水不畅，容易烂根。

植株管理：利用温床育苗，可增加热能，多受阳光。由于旋花茄的枝条生长及开花结果习性相当有规则，所以一般不进行整枝，而只是把门茄以下的分枝除去，以免枝叶过多，通风不良。旋花茄生长不快，开花时期也较迟，落花问题也不是很严重。生长早期的落花问题，可以用喷施生长激素来解决。

肥水管理：基肥多用腐熟的厩肥，之后还需多次追肥。以促进后期的生长和结果。定植以后，为了使幼苗迅速恢复生长，栽后浇一次稀薄的液态农家有机肥或硫酸铵水溶液，以促进新根的产生。

【价值】具有清热解毒、消炎利湿、消肿止痛、祛风、止咳、截疟之功效。主治感冒发烧、咳嗽、咽喉痛、疟疾、腹痛、腹泻、菌痢、小便短赤、膀胱炎、风湿跌打、疮疡肿毒等。

18. 蛇 藤

【学名】*Colubrina asiatica*（L.）Brongn.

【别名】亚洲滨枣。

【科属】鼠李科 Rhamnaceae 蛇藤属 *Colubrina*。

【识别特征】藤状灌木；幼枝无毛。叶互生，近膜质或薄纸质，卵形或宽卵形，顶端渐尖，微凹，基部圆形或近心形，边缘具粗圆齿，两面无毛或近无毛，侧脉 2 ~ 3 对，两面凸起，网脉不明显，叶柄被疏柔毛。花黄色，五基数，腋生聚伞花序，无毛或被疏柔毛；花萼 5 裂，萼片卵状三角形，内面中肋中部以上凸起；花瓣倒卵圆形，具爪，与雄蕊等长；子房藏于花盘内，3 室，每室具 1 胚珠，花柱 3 浅裂；花盘厚，近圆形。蒴果状核果，圆球形，基部为愈合的萼筒所包围，成熟时室背开裂，内有 3 个分核，每核具 1 种子；种子灰褐色。花期 6 ~ 9 月，果期 9 ~ 12 月。

【生长习性】

气候条件：喜高温湿润气候，喜光照充足的环境。抗寒性稍差，冬天需防寒。

土壤条件：肥沃、排水条件好的土壤中生长良好。

分布地点：产广东南部（徐闻）、海南、广西（东兴）、台湾。生于沿海沙地上的林中或灌丛中。印度、斯里兰卡、缅甸、马来西亚、印度尼西亚、菲律宾、澳大利亚及非洲和太平洋群岛也有分布。

【食用部位及食用方法】嫩叶。嫩叶水烫、浸泡后炒或拌食，花糖渍。

【价值】花冠和雄蕊黄色，鲜艳抢眼，可用于花架、棚架和栅栏的美化，也可以做盆栽观赏。

19. 马尾松

【学名】*Pinus massoniana* Lamb.

【别名】青松、山松。

【科属】松科 Pinaceae 松属 *Pinus*。

【识别特征】乔木，高达 45m，胸径 1.5m；树皮红褐色，下部灰褐色，裂成不规则的鳞状块片；枝平展或斜展，树冠宽塔形或伞形，枝条每年生长一轮，但在广东南部则通常生长两轮，淡黄褐色，无白粉，稀有白粉，无毛；冬芽卵状圆柱形或圆柱形，褐色，顶端尖，芽鳞边缘丝状，先端尖或成渐尖的长尖头，微反曲。针叶 2 针一束，稀 3 针一束，细柔，微扭曲，两面有气孔线，边缘有细锯齿；横切面皮下层细胞单型，第一层连续排列，第二层由个别细胞断续排列而成，树脂道约 4 ~ 8 个，在背面边生，或腹面也有 2 个边生；叶鞘初呈褐色，后渐变成灰黑色，宿存。雄球花淡红褐色，圆柱形，弯垂，聚生于新枝下部苞腋，穗状；雌球花单生或 2 ~ 4 个聚生于新枝近顶端，淡紫红色，一年生小球果圆球形或卵圆形，褐色或紫褐色，上部珠鳞的鳞脐具向上直立的短刺，下部珠鳞的鳞脐平钝无刺。中部种鳞近矩圆状倒卵形，或近长方形；鳞盾菱形，微隆起或平，横脊微明显，鳞脐微凹，无刺，生于干燥环境者常具极短的刺；种子长卵圆形。花期 4 ~ 5 月，球果翌年 10 ~ 12 月成熟。

【生长习性】

气候条件：喜光，不耐庇荫，喜温暖湿润气候。

土壤条件：在肥润、深厚的砂质壤土上生长迅速，在钙质土上生长不良或不能生长，不耐盐碱。

海拔条件：在长江下游其垂直分布于海拔 700m 以下，长江中游海拔 1100 ~ 1200m 以下，在西部分布于海拔 1500m 以下。越南北部有马尾松人工林。

分布地点：产于江苏（六合、仪征）、安徽（淮河流域、大别山以南）、河南西部峡口、陕西汉水流域以南、长江中下游各省份，南达福建、广东、台湾北部低山及西海岸，西至四川中部大相岭东坡，西南至贵州贵阳、毕节及云南富宁。

【食用部位及食用方法】 嫩叶、花粉。嫩叶水烫、浸泡后炒或拌食，花粉要在雄花序生长到一定的时期，选择一个没有露水的黎明时分，摘下整个花序。堆放在室内，等到苞片面裂开，花粉散出来，再收集到一起进行提取，得到花粉，即松花粉。

【栽培技术】

播种方法：种子繁殖。播前要求平整土地，适当浅耕，一般 16 ~

18cm。在耕耙的同时施足基肥。播种前应进行种子消毒，通常采用0.5%的硫酸铜溶液浸种 4~6h。采用撒播方式，播种前镇压床面，覆土。覆土厚度 0.5~0.8cm，覆土后稍加镇压，随即盖草，保持苗床湿润，以利种子发芽。

土壤要求：选在地势平坦、排灌方便、光照充足、微酸性的砂质壤土或轻黏壤土上建圃。

植株管理：播种 20~30 天后种子陆续发芽，应适时适量分批揭草。并做好苗间除草、松土等管护工作。在雨后天晴、阴天或灌溉后都可以进行间苗。

【价值】富树脂，耐腐力弱。供建筑、枕木、矿柱、家具及木纤维工业（人造丝浆及造纸）原料等用。树干可割取松脂，为医药、化工原料。根部树脂含量丰富；树干及根部可培养茯苓、蕈类，供中药及食用，树皮可提取栲胶。为长江流域以南重要的荒山造林树种。

20. 华山松

【学名】*Pinus armandii* Franch.

【别名】白松、五针松。

【科属】松科 Pinaceae 松属 *Pinus*。

【识别特征】乔木，高达 35m，胸径 1m；幼树树皮灰绿色或淡灰色，平滑，老则呈灰色，裂成方形或长方形厚块片固着于树干上，或脱落；枝条平展，形成圆锥形或柱状塔形树冠；一年生枝绿色或灰绿色（干后褐色），无毛，微被白粉；冬芽近圆柱形，褐色，微具树脂，芽鳞排列疏松。针叶 5 针一束，稀 6~7 针一束，边缘具细锯齿，仅腹面两侧各具 4~8 条白色气孔线；横切面三角形，单层皮下层细胞，树脂道通常 3 个，中生或背面 2 个边生、腹面 1 个中生，稀具 4~7 个树脂道，则中生与边生兼有；叶鞘早落。雄球花黄色，卵状圆柱形，基部围有近 10 枚卵状匙形的鳞片，多数集生于新枝下部成穗状，排列较疏松。球果圆锥状长卵圆形，幼时绿色，成熟时黄色或褐黄色，种鳞张开，种子脱落；中部种鳞近斜方状倒卵形，鳞盾近斜方形或宽三角状斜方形，不具纵脊，先端钝圆或微尖，不反曲或微反曲，鳞脐不明显；种子黄褐色、暗褐色或黑色，倒卵圆形，无翅或两侧及顶端具棱脊，稀具极短的木质翅；子叶 10 ~ 15 枚，针形，横切面三角形，先端渐尖，全缘或上部棱脊微具细齿；初生叶条形，上下两面均有气孔线，边缘有细锯齿。花期 4 ~ 5 月，球果翌年 9 ~ 10 月成熟。

【生长习性】

气候条件：喜温和凉爽、湿润气候，耐寒力强，适于年平均气温 15℃ 以下，年降水量 600 ~ 1500mm 的地方。不耐炎热，在高温季节长的地方生长不良。

土壤条件：最宜深厚、湿润、疏松的中性或微酸性壤土，不耐盐碱土。

分布地点：产于山西南部中条山（北至沁源海拔 1200 ~ 1800m）、河南西南部及嵩山、陕西南部秦岭（东起华山，西至辛家山，海拔 1500 ~ 2000m）、甘肃南部（洮河及白龙江流域）、四川、湖北西部、贵州中部及西北部、云南及西藏雅鲁藏布江下游海拔 1000 ~ 3300m 地带。在气候温凉而湿润、酸性黄壤、黄褐壤土或钙质土上，组成单纯林或与针叶树阔叶树种混生。稍耐干燥瘠薄的土地，能生于石灰岩石缝间。江西庐山、浙江杭州等地有栽培。模式标本采自陕西秦岭。

【食用部位及食用方法】嫩叶、种子。嫩叶水烫、浸泡后炒或拌食。种子可以榨油或者食用。

【栽培技术】

繁殖方法：种子繁殖。华山松育苗条播、撒播均可，以条播为主，条距 20cm 左右，播幅 5 ~ 7cm，覆土厚度 2 ~ 3cm。播种量按种子质量及成苗的规格而定。以亩产 20 万株为目标，每亩播种 100 ~ 125kg。播种要均匀，覆土深浅要掌握好，最好用火烧土盖种，播后还要覆草或松针。

苗期管理：幼苗出土前要注意保持土壤湿润，出苗后及时撤除覆盖物。种壳脱落前要注意防鸟害和鼠害。除个别干旱地区外，可在全光下育苗，不必搭荫棚。山地临时苗圃通常不施追肥，固定苗圃为使苗木当年能达到出圃标准，可在苗木生长前期追施氮肥。幼苗出土后，易感染猝倒病，除采取预防措施外，可每隔 10 天喷等量式波尔多液或喷 0.5% ~1.5% 硫酸亚铁溶液，另外甲基托布津、代森锰锌、百菌清等农药也有很好作用，可交替使用。

肥水管理：6 月中旬、8 月下旬各施入 1 次液态肥，以叶面喷施为好，配比浓度 1% 氮肥，0.2% 磷钾肥，每次施肥 2 天后再喷 1 次清水，以免造成肥害。有条件的育苗户，可在 6 月中旬施入 1 次农家肥，尤以烘干、杀虫处理过的鸡粪最好，施入量以每 10m 长苗床行施 800g 为宜。

【价值】树脂较多，耐久用。可供建筑、枕木、家具及木纤维工业原料等用材。树干可割取树脂；树皮可提取栲胶；针叶可提炼芳香油；种子食用，亦可榨油供食用或工业用油。华山松为材质优良、生长较快的树种，可为产区海拔 1100 ~3300m 地带造林树种。华山松树体高大挺拔，枝舒叶翠，冠型美观，是庭院和道路绿化的优良树种。

21. 云南松

【学名】*Pinus yunnanensis* Franch.

【别名】飞松、青松、长毛松。

【科属】松科 Pinaceae 松属 *Pinus*。

【识别特征】乔木，高达 30m，胸径 1m；树皮褐灰色，深纵裂，裂片厚或裂成不规则的鳞状块片脱落；枝开展，稍下垂；一年生枝粗壮，淡红褐色，无毛，二三年生枝上苞片状的鳞叶脱落露出红褐色内皮；冬芽圆锥状卵圆形，粗大，红褐色，无树脂，芽鳞披针形，先端渐尖，散开或部分反曲，边缘有白色丝状毛齿。针叶通常 3 针一束，稀 2 针一束，常在枝上宿存 3 年，先端尖，背腹面均有气孔线，边缘有细锯齿；横切面扇状三角形或半圆形，二型皮下层细胞，第一层细胞连续排列，其下有散生细胞，树脂道约 4 ~5 个，中生与边生并存（中生者通常位于角部）；叶鞘宿存。雄球花圆柱状，生于新枝下部的苞腋内，聚集成穗状。球果成熟前绿色，熟时褐色或栗褐色，圆锥状卵圆形，有短梗，长约 5mm；中部种鳞矩圆状椭圆形，鳞盾通常肥厚、隆起，稀反曲，有横脊，鳞脐微凹或微隆起，有短刺；种子褐色，近卵圆形或倒卵形，微扁，连翅边缘具疏毛状细锯齿；初生叶窄条形，较柔软。花期4～5月，球果翌年10月成熟。

【生长习性】

气候条件：喜光，耐干旱气候及瘠薄土壤。

土壤条件：于气候温和，土层深厚、肥润、酸质砂质壤土，排水良好的北坡或半阴坡地带生长最好；在干燥阳坡或山脊地带则生长较慢，强石灰质土壤及排水不良的地方生长不良。

分布地点：分布于我国西南地区。在云南、西藏东南部、四川、贵州、广西等地海拔600～3100m地带，多组成单纯林，或与华山松、云南油杉、旱冬瓜及栎类等树种组成混交林，生长旺盛。在四川大渡河流域泸定、磨西、石棉、越西等地海拔700～1600m之河谷地带及青衣江流域天全河谷海拔1600m上下常散生林内。在云南西北部石鼓地区和丽江、永北、华坪三角地带及东部邱北、南盘江流域尚有大面积的老林。

【食用部位及食用方法】嫩叶。嫩叶水烫、浸泡后炒或拌食。

【栽培技术】

播种方法：种子繁殖。在已整过的地上用穴播法，每次播种10粒左右，然后覆土约1cm左右，株行距一般1m×1m。雨季时可采用撒播造林。播种后必须采取一些保苗措施，在向阳面设简易小荫棚，以降低地表温度，减少水分蒸发，提高造林成活率。

植株管理：播种后30天后，幼苗大部分出土，此时要进行检查，发现有漏苗、缺苗的要及时补播。造林后2～3年内，凡幼苗死亡率在10%以下，且分布均匀，就没必要补播；死亡率达10%以上应进行补播；死亡率达70%以上要重新播种。

肥水管理：施尿素、过磷酸钙、硫酸钾、硼砂，可显著提高云南松母树球果产量

【价值】树干通直，木质轻软细密，是良好的建筑用材。富含松脂，松香含量占65%～70%，松节油含量15%～25%。树根可培养茯苓；树皮可提取栲胶；针叶可提取松针油及加工成松针粉，作饲料

添加剂；花粉又可作药用，是美容护肤佳品。云南松木材是优质造纸、人造板原料，并供建筑、家具等用材。枝、干、根可培养茯苓，干富含松脂，是制取松香、松节油的原料。

22. 云南油杉

【学名】*Keteleeria evelyniana* Mast.

【别名】杉松、云南杉松。

【科属】松科 Pinaceae 油杉属 *keteleeria*。

【识别特征】乔木，高达 40m，胸径可达 1m；树皮粗糙，暗灰褐色，不规则深纵裂，成块状脱落；枝条较粗，开展；一年生枝干呈粉红色或淡褐红色，通常有毛，二三年生枝无毛，呈灰褐色、黄褐色或褐色，枝皮裂成薄片。叶条形，在侧枝上排列成两列，先端通常有微凸起的钝尖头（幼树或萌生枝之叶有微急尖的刺状长尖头），基部楔形，渐窄成短叶柄，上面光绿色，中脉两侧通常每边有 2～10 条气孔线，稀无气孔线，下面沿中脉两侧每边有 14～19 条气孔线；横切面上面中部有 2～3 层皮下层细胞，两侧至下面两侧边缘及下面中部有一层皮下层细胞，两端角部 2～3 层。球果圆柱形；中部的种鳞卵状斜方形或斜方状卵形，上部向外反曲，边缘有明显的细小缺齿，鳞背露出部分有毛或几无毛；苞鳞中部窄；下部逐渐增宽，上部近圆形，先端呈不明显的三裂，中裂明显，侧裂近圆形；种翅中下部较宽，上部渐窄。花期 4～5 月，种子 10 月成熟。

【生长习性】

气候条件：喜温暖湿润气候，不耐庇荫，耐寒耐旱能力较差。适生于年均温度 11～18℃，年降水量 780～1600mm，相对湿度大于 70% 的地区。

土壤条件：适生于酸性、中性土壤。在腐植质含量低、土壤板结黏重、肥力低的地方生长不良。

分布地点：为我国特有种，产于云南、贵州西部及西南部、四川西南部安宁河流域至西部大渡河流域海拔 700～2600m 的地带，常混生于云南松林中或组成小片纯林，亦有人工林。

【食用部位及食用方法】嫩叶。嫩叶水烫、浸泡后炒或拌食。将嫩叶用沸水煮 3~5min，冷却后，加人适量盐、花椒、油辣子、熟菜油、姜末、蒜末、味精、食用醋、红糖等调料进行凉拌，其味鲜美，爽口，清凉，可开胃消食，降温避暑；也可将嫩叶用沸水煮 3~5min后，捞出用肉炒食，味道鲜美，营养好。

【栽培技术】

繁殖方法：种子繁殖。云南油杉育苗条播、撒播均可。条播行距 15~20cm，撒播时种子要均匀，每公顷播种 300kg 左右。覆土厚度 0.5~1cm，而且覆土要细。覆土不仅要厚度适当，而且要求均匀一致，否则会造成出苗不齐，影响苗木的产量和质量。一般覆土采用疏松的苗床土即可，如果苗床土壤黏重，可采用细砂或腐殖质土、锯屑等覆盖。为了减少病害和杂草，也可采用黄心土、火烧土等。播后还要覆草或松针，以不见地面为度。

土壤要求：土壤疏松、微酸、排水良好，以红壤砂质土为宜，切忌盐渍土；近期撩荒地以及种过玉米、棉花、豆类、马铃薯等农作物和蔬菜的地方一般不宜选作育苗地，如迫不得已，应采取相应土壤改良及消毒措施。

苗期管理：幼苗出土前要注意保持土壤湿润，久晴不雨或夏季高温、土壤干燥时要及时灌溉，雨后要清沟排水。当幼苗出土达60%~70%时，对影响光照、不利幼苗生长的覆盖，要及时地分 2~3 次撤除。及时清除杂草，要注意防止立枯病和根腐病，防止鸟兽和鼠害。一般都在全光下育苗，不必搭荫棚。

【价值】云南油杉木材富含树脂，结构细密，材质优良，花纹漂亮，耐水浸泡，抗腐性强，是建筑、桥梁、家具、桩木的优良用材。种子含油率为50% 左右，可供制皂和作灯油、润滑油原料用。其根、茎、叶、花、果及寄生肿大瘤状物(俗称天获芬)可入药，性平，味涩，具有消炎、解毒、收敛、接骨、滋补之功效，可医治小儿疳积、腹胀、疝气、骨折、外伤出血、烧伤、烫伤、油漆过敏和膝骨疼痛等疾病，能滋阴壮阳。

23. 南蛇藤

【学名】*Celastrus orbiculatus* Thunb.

【别名】过山枫、挂廓鞭、过山龙、大南蛇、老龙皮。

【科属】卫矛科 Celastraceae 南蛇藤属 *Celastrus*。

【识别特征】小枝光滑无毛,灰棕色或棕褐色,具稀而不明显的皮孔;腋芽小,卵状到卵圆状。叶通常阔倒卵形、近圆形或长方椭圆形,先端圆阔,具有小尖头或短渐尖,基部阔楔形到近钝圆形,边缘具锯齿,两面光滑无毛或叶背脉上具稀疏短柔毛,侧脉 3~5 对;聚伞花序腋生,间有顶生,小花 1~3 朵,偶仅 1~2 朵,小花梗关节在中部以下或近基部;雄花萼片钝三角形;花瓣倒卵椭圆形或长方形;花盘浅杯状,裂片浅,顶端圆钝;雄蕊长 2~3mm,退化雌蕊不发达;雌花花冠较雄花窄小,花盘稍深厚,肉质,退化雄蕊极短小;子房近球状,花柱长约 1.5mm,柱头 3 深裂,裂端再 2 浅裂。蒴果近球状;种子椭圆状稍扁,赤褐色。花期 5~6 月,果期 7~10 月。

【生长习性】

气候条件:喜阳耐阴,抗寒耐旱。

土壤条件:栽植于背风向阳、湿润而排水好的肥沃砂质壤土中生长最好,也耐瘠薄土壤,若栽于半阴处,也能生长。

海拔条件:生长于海拔 450~2200m 山坡灌丛。

分布地点:产于黑龙江、吉林、辽宁、内蒙古、河北、山东、山西、河南、陕西、甘肃、江苏、安徽、浙江、江西、湖北、四川等地。

【食用部位及食用方法】嫩叶。水烫、浸泡后炒或拌食。

【栽培技术】

繁殖方法:①播种育苗。可以点播或条播,覆土厚度约 2cm。播后应保持床面土壤湿润而疏松。秋末播种在次年的春季出苗;春播可于当年的 4~5 月份出苗,出苗率均在 90% 以上。②分株和压条育苗。南蛇藤根部易产生分蘖,可在早春萌芽前进行分株繁殖。从露地根际下，选择较大分蘖苗，从侧面挖掘并将地下茎所发生的萌蘖苗带部分根切下栽植。压条育苗在春季萌芽前进行。选择生长良好的枝条，于早春发芽前截去先端不充实的枝梢 5~10cm，剪口留上芽，开一条深约 10cm 的浅沟，然后把枝条平放于沟中，间隔一定距离用木钩固定，若土壤干燥应先在沟内浇水，放入藤蔓后覆以浅土。③扦插育苗。南蛇藤的扦插育苗常于春季在露地苗床进行，应注意土壤保湿，否则成活率不高。如冬季在室内扦插，根插比枝插成活率高，可于落叶后在成年植株根部挖掘根条剪取或结合苗圃起苗时剪取，以粗 7~10mm 为好，过细太脆弱，过粗对挖掘的母株有损伤。

植株管理：南蛇藤的移栽多在春、秋两季进行。栽植时最好先将表层土掺施有机肥后填入并稍踩踏。放苗时原根茎土痕处应先放穴面之下，经埋土、踩穴、提苗使其与地表相平，填土。栽后尽快浇水，第一次水一定要浇透，若在干旱季节栽植，应每隔 3~4 天连浇 3 次水，待土表稍干后中耕保墒。苗期要适当灌水和排水。

肥水管理：在早春或晚秋施有机肥作基肥。秋季应多施钾肥，减少氮肥，防贪青徒长，影响抗寒能力。在进入旺盛生长期后应及时补充养分。在开花前多施用磷、钾肥，应薄肥勤施。

【价值】南蛇藤植株姿态优美，茎、蔓、叶、果都具有较高的观赏价值，是城市垂直绿化的优良树种。特别是南蛇藤秋季叶片经霜变红或变黄时，美丽壮观；成熟的累累硕果，竞相开裂，露出鲜红色的假种皮，宛如颗颗宝石；作为攀援绿化材料，南蛇藤宜植于棚架、墙垣、岩壁等处；如在湖畔、塘边、溪旁、河岸种植南蛇藤，倒映成趣；种植于坡地、林缘及假山、石隙等处颇具野趣；若剪取成熟果枝瓶插，装点居室，也能满室生辉。南蛇藤也是出名的纤维植物。树皮可制优质纤维，出麻率高、纤维细长、拉力强，可作纺织和制高级纸的原料，或经化学脱胶后可与棉麻混纺。

24. 大芽南蛇藤

【学名】*Celastrus gemmatus* Loes.

【**别名**】哥兰叶、米汤叶、绵条子、霜红藤。

【**科属**】卫矛科 Celastraceae 南蛇藤属 *Celastrus*。

【**识别特征**】小枝具多数皮孔，皮孔阔椭圆形到近圆形，棕灰白色，突起，冬芽大，长卵状到长圆锥状。叶长方形，卵状椭圆形或椭圆形，先端渐尖，基部圆阔，近叶柄处变窄，边缘具浅锯齿，侧脉5~7对，小脉成较密网状，两面均突起，叶面光滑但手触有粗糙感，叶背光滑或稀于脉上具棕色短柔毛；聚伞花序顶生及腋生，顶生花序长约3cm，侧生花序短而少花；萼片卵圆形，边缘啮蚀状；花瓣长方倒卵形；雄蕊约与花冠等长，花药顶端有时具小突尖，花丝有时具乳突状毛，在雌花中退化；花盘浅杯状，裂片近三角形，在雌花中裂片常较钝；雌蕊瓶状，子房球状。果球状，小果梗具明显突起皮孔；种子阔椭圆状到长方椭圆状，两端钝，红棕色，有光泽。花期4~9月，果期8~10月。

【**生长习性**】

气候条件：喜阳耐阴，抗寒耐旱。

土壤条件：栽植于背风向阳、湿润而排水好的肥沃砂质壤土中生长最好，若栽于半阴处，也能生长。

海拔条件：生长于海拔100~2500m密林中或灌丛中。

分布地点：产于河南、陕西、甘肃、安徽、浙江、江西、湖北、湖南、贵州、四川、台湾、福建、广东、广西、云南等地，是我国分布最广泛的南蛇藤之一。

【**食用部位及食用方法**】嫩叶。水烫、浸泡后炒或拌食。

【**栽培技术**】

繁殖方法：扦插育苗。选取1年生枝梢，取12~16cm插穗，或1年生嫩枝，9~13cm为宜。2年生硬枝扦插一般不短于15cm。扦插时可以使用蔗糖和萘乙酸（NAA）来提高成活率。

【**价值**】枝条的内皮含有丰富纤维，可搓绳索，亦可作人造棉及造纸的原料。种子油供制肥皂及其他工业用。中药上也有不可取代的地位。

25. 五 加

【学名】*Acanthopanax gracilistylus* W. W. Smith

【别名】五佳、五花、文章草、白刺、追风使、木骨、金盐。

【科属】五加科 Araliaceae 五加属 *Acanthopanax*。

【识别特征】灌木，高 2~5m，有时蔓生状；枝无刺或在叶柄基部有刺。掌状复叶在长枝上互生，在短枝上簇生；小叶 5，很少 3~4，中央一小叶最大，倒卵形至倒卵状披针形，叶缘有锯齿，两面无毛，或叶脉有稀刺毛。伞形花序单生于叶腋或短枝的顶端，很少有两个伞形序生于一序梗上者；花瓣 5，黄绿色；花柱 2 或 3，分离至基部。果近于圆球形，熟时紫黑色；内含种子 2 粒；果 10 月成熟。

【生长习性】

土壤条件：适应性强，在自然界常生于林缘及路旁。

海拔条件：垂直分布自海拔数百米至一千余米，在四川西部和云南西北部可达 3000m。

分布地点：我国产中南、西南及山西、陕西、江苏、安徽、浙江、江西、福建等地。

【食用部位及食用方法】嫩叶；根皮和茎皮称五加皮，可入药。将马铃薯切成细条与五加嫩叶炒菜，味美、可口。可以作为很多食品的佐料，清香，亦可煲汤。

【栽培技术】

繁殖方法：①种子繁殖。一般在菜园地上育苗，做畦宽约 1m，畦面耙细，平整，按 10cm 行距开沟穴播，穴距 8cm，每穴 2~3 粒种子，播后覆土 2cm 左右，覆土后稍加镇压、浇水，土上盖 3cm 厚树叶。适当浇水保持湿润，30 天左右出苗。出苗时及时去掉覆盖物。幼苗期设遮阴帘，防畦面杂草，生长 2 年后移栽，定植株行距 60cm × 40cm。②扦插繁殖。在 6 月下旬至 7 月上旬，剪取生长充实半木质化的枝条，截成 10cm 左右的小段做扦插条，插条只留一个掌状复叶或将叶片剪去一半，将插条在 100 mg/kg 吲哚丁酸溶液中蘸一下，促进插条生根。按行距 15cm、株距 8cm 将插条斜插入苗床土中，入土深达插条 2/3，浇水后覆盖薄膜，保温、保湿，约 20 天左右生根，去掉薄膜，为避免强光直射，在插床上搭遮阳棚，生长 1 年后移栽。③分株繁殖。刺五加植株地下茎发育良好，多在地面下 10～20cm 左右的土层内向四周延伸，顶端形成越冬芽，因此植株周围每年都可萌发出一些幼株，可在早春将植株周围分蘖幼株连根挖出或连同母株一起挖出分株，挖穴定植。这种方法成活率高、生长快。移栽进土层深厚的山坡地、林边空地、荒地，按 2m×2m 株行距定植。

土壤要求：栽培时宜选向阳、腐殖质层深厚、土壤微酸性的砂质壤土。

植株管理：播种育苗田在苗高 5cm 时间苗，拔去弱苗；苗高 10cm 时按株距 8cm 定苗。

肥水管理：为了促进植株生长，在定苗后及时松土除草并施 2000kg/亩粪水，施肥后浇 1 次清水，初秋追肥 10kg/亩尿素，幼苗定植后，在株旁开沟施堆肥或厩肥。

【价值】五加是一种比较常见的中药材。夏、秋两季采收，挖取根部，除掉须根，刮皮，抽去木心，晒干或炕干后制成五加皮，五加的果实、叶、根、茎都有祛风湿、补肝肾、强筋骨、活血脉的功效，可治风寒湿痹、腰膝疼痛、筋骨痿软、小儿行迟、体虚羸弱、跌打损伤，药用价值很高。

26. 垂 柳

【学名】*Salix babylonica*

【别名】倒挂柳、倒插杨柳、清明柳。

【科属】杨柳科 Salicaceae 柳属 *Salix*。

【识别特征】垂柳是高大乔木，高度可达 18m；树冠倒广卵形。小枝细长，枝条非常柔软，细枝下垂，长度有 1.5～3m 长。叶狭披针形至线状披针形，先端渐长尖，缘有细锯齿，表面绿色，背面蓝灰绿色；叶柄长约 1cm；托叶阔镰形，早落。雄花具 2 雄蕊，2 腺体；雌花子房仅腹面具1腺体。花期3~4月，果熟期4~5月。

【生长习性】

气候条件：喜光，喜温暖湿润气候，耐寒，特耐水湿。

土壤条件：适于酸性及中性土壤，生于土层深厚的干燥地区，最好以肥沃土壤最佳。

海拔条件：垂直分布在海拔1300m以下。

分布地点：分布长江流域及其以南各省份平原地区，华北、东北有栽培，是平原水边常见树种。

【食用部位及食用方法】嫩叶。嫩叶水煮漂洗后炒食即可，也可与猪肉搭配，做包子馅。嫩叶还可作为保健茶。

【栽培技术】

繁殖方法：扦插繁殖。秋季落叶后采取1年生扦插苗苗干，可整株假植于宽90cm、深60cm的假植沟中。翌年春季挖出，剪成10~15cm的插穗，进行扦插。

土壤要求：育苗地应选深厚、肥沃的砂土或壤土，深翻，耕地深度20cm以上。

植株管理：垂柳的栽培管理措施主要有浇水、打杈、施肥。柳树性喜湿润，要培育壮苗，一定要保证水分供应。在生根期及生长旺盛期，要保持田间最大持水量为70%~80%。灌水及雨后要及时松土除草，防止土壤板结，以利于插穗的生根萌条，扦插前结合整地施足基肥，以后在苗木生长的不同阶段，结合浇水施化肥。在新梢长到20~30cm时，进行初次打杈，剪去多余的萌条。

肥水管理：一般在6月上旬第1次施肥，以每公顷150kg为宜；7月上旬第2次施肥，每公顷225kg；8月上旬第3次施肥，每公顷施肥225kg。8月下旬以后停止施肥，促进枝条木质化，防止冬季受冻害。

【价值】垂柳枝条细长，柔软下垂，随风飘舞，姿态优美潇洒。在园林绿化中，它广泛用于河岸及湖池边绿化。此外，垂柳对有毒气体抗性较强，并能吸收二氧化硫，故也适用于工厂、矿区等污染严重的地方绿化，因为其生长速度快的特点，是防风固沙、维护堤岸的重要树种。它的嫩叶能食用，树根有药用功能，所以在林业等方面有巨大的潜力和价值。

27. 桑

【学名】*Morus alba* Linn. var. *alba*

【别名】桑树。

【科属】桑科 Moraceae 桑属 *Morus*。

【识别特征】乔木或为灌木，高 3 ~ 10m 或更高，胸径可达 50cm，树皮厚，灰色，具不规则浅纵裂；冬芽红褐色，卵形，芽鳞覆瓦状排列，灰褐色，有细毛；小枝有细毛。叶卵形或广卵形，先端急尖、渐尖或圆钝，基部圆形至浅心形，边缘锯齿粗钝，有时叶为各种分裂，表面鲜绿色，无毛，背面沿脉有疏毛，脉腋有簇毛；叶柄具柔毛；托叶披针形，早落，外面密被细硬毛。花单性，腋生或生于芽鳞腋内，与叶同时生出；雄花序下垂，密被白色柔毛，雄花具梗，花被片宽椭圆形，淡绿色。花丝在芽时内折，花药 2 室，球形至肾形，纵裂；雌花序长 1 ~ 2mm，被毛，总花梗长 5 ~ 10mm 被柔毛，雌花无梗，花被片倒卵形，顶端圆钝，外面和边缘被毛，两侧紧抱子房，无花柱，柱头 2 裂，内面有乳头状突起。聚花果卵状椭圆形，成熟时红色或暗紫色。花期 4 ~ 5 月，果期 5 ~ 8 月。

【生长习性】

气候条件：喜光，幼时稍耐阴。喜温暖湿润气候，耐寒。耐干旱，但畏积水，积水时生长不良甚至死亡。在 12℃ 以上时萌芽生长，最适温度为 25 ~ 30℃，20℃ 以下生长缓慢。

土壤条件：喜土层深厚、湿润、肥沃土壤。以有机质丰富、土质疏松、土层深厚、地下水位在 1m 以上、pH 接近中性的土壤为宜。

分布地点：本种原产我国中部和北部，现由东北至西南各省份，西北直至新疆均有栽培。朝鲜、日本、蒙古、俄罗斯、印度、越南等地均有栽培。

【食用部位及食用方法】叶、果。桑叶和茅根洗净，茅根切段；猪展肉洗净切大块，余水捞起；将清水煮沸倒入炖盅，放入所有材料，盖盖隔水炖两个小时，下盐调味即可饮用。桑葚酸甜可口，营养丰富，老幼皆宜。

【栽培技术】

繁殖方法：种苗繁殖。一般第 1 年选择杂交桑苗种植，第 2 年对桑树进行嫁接。桑树要适时栽植，栽培时期一般在 9 月至翌年 2 月。不同的地理位置栽种桑树应有不同的栽植规格，在平整的坝区栽植杂交桑树密度为 1700 株/亩，按 0.4m×1.2m 的株行距和深度 40cm 的规格进行栽植。栽植时要求深挖浅栽，施足底肥，并用 4.5% 高效氯氰菊酯乳油 1000～1500 倍液撒入定植坑中，预防地下害虫的侵害。栽植时要注意根系伸展，覆土回沟，浇足定根水，定干 10～15cm，种后要踏实桑树四周。

土壤要求：桑树栽培要求土壤疏松，无石砾、杂草、根茬、秸秆等。种植地块必须深耕整地，栽种桑树前，应施足底肥，一般亩施农家肥 2000～3000kg。

苗期管理：从 2 片叶子开展到 5～6 片真叶期间，保持土壤有充足水分，要及时灌水，宜在傍晚或清晨进行。多雨时要注意排水，防止苗地积水烂根。通常采用人工拔草。

肥水管理：冬施基肥，冬肥应以腐熟的堆肥、厩肥、土杂肥等有机肥为主，每亩 3000～5000kg；重施春芽肥，以施腐熟的人畜粪尿或尿素等速效性氮肥为主，一般亩施尿素 15～20kg；夏季追肥，亩施硫酸 15～20kg 或尿素 15～20kg，在采叶后 5～7 天施入；秋季补肥，以水带肥，保持土壤湿润，使桑树继续生长，亩施腐熟人粪尿水 2500kg 或尿素 25kg。

【价值】树皮纤维柔细，可作纺织原料、造纸原料；根皮、果实及枝条入药。叶为养蚕的主要饲料，亦作药用，并可作土农药。木材坚硬，可制家俱、乐器、雕刻等。桑葚可以酿酒，称桑子酒。

28. 槐

【学名】*Sophora japonica*

【别名】槐树、槐蕊、豆槐、白槐、细叶槐、金药材、家槐、国槐。

【科属】豆科 Leguminosae 槐属 *Sophora*。

【识别特征】乔木，高达 25m；树皮灰褐色，具纵裂纹。当年生枝绿色，无毛。羽状复叶；叶轴初被疏柔毛，旋即脱净；叶柄基部膨大，包裹着芽；托叶形状多变，有时呈卵形、叶状，有时线形或钻状，早落；小叶 4～7 对，对生或近互生，纸质，卵状披针形或卵状长圆形，先端渐尖，具小尖头，基部宽楔形或近圆形，稍偏斜，下面灰白色，初被疏短柔毛，旋变无毛；小托叶 2 枚，钻状。圆锥花序顶生，常呈金字塔形；花梗比花萼短；小苞片 2 枚，形似小托叶；花萼浅钟状，萼齿 5，近等大，圆形或钝三角形，被灰白色短柔毛，萼管近无毛；花冠白色或淡黄色，旗瓣近圆形，具短柄，有紫色脉纹，先端微缺，基部浅心形，翼瓣卵状长圆形，先端浑圆，基部斜戟形，无皱褶，龙骨瓣阔卵状长圆形，与翼瓣等长；雄蕊近分离，宿存；子房近无毛。荚果串珠状，种子间缢缩不明显，种子排列较紧密，具肉质果皮，成熟后不开裂，具种子 1～6 粒；种子卵球形，淡黄绿色，干后黑褐色。花期 7～8 月，果期 8～10 月。

【生长习性】

气候条件：喜光而稍耐阴，能适应较冷气候，抗风，也耐干旱、瘠薄。

土壤条件：在酸性至石灰性及轻度盐碱土，甚至含盐量在 0.15% 左右的条件下都能正常生长。

分布地点：原产我国，现南北各省份广泛栽培，华北和黄土高原地区尤为多见。日本、越南也有分布，朝鲜还有野生分布，欧洲、南美洲、北美洲各国均有引种。

【食用部位及食用方法】花、叶。槐花可以做汤、拌菜、焖饭，亦可做槐花糕、包饺子；叶可煎汤。

【栽培技术】

繁殖方法：种子繁殖。一般用大田垄播，70cm 行距，每亩用种子 10～15kg，覆土厚 2～3cm，出苗前保持土壤湿润，幼苗出齐后进行间苗，每隔一个月中耕除草。

土壤要求：喜生于湿润、深厚、肥沃、排水良好的砂壤土中，在石灰性及轻度盐碱土壤上也能正常生长。但在过于干旱、清薄、多风的地方或低洼地则生长不良。

植株管理：春季土壤解冻后，将一年生的苗按株距 40cm、行距 70cm 移栽在已施足有机肥并翻耕整平好的田中，栽后即可将主干距地面 3～5cm 处截干，灌水，在成活后，适当追些氮肥并除草。苗木截干后第一年，待截干处的萌条长至 20cm 以上时，选留 1 条直立向上的壮枝作主干，其余全部去掉。以后随时注意除蘖去侧。当年苗高达 3～4m 再移植，加大株行距，继续栽培。

肥水管理：播种前每亩地施腐熟有机肥 5000kg，雨季前每隔 7～10 天灌水一次，15～20 天追施氮肥。

【价值】优良的蜜源植物。木材富弹性，耐水湿，可供建筑、船舶、枕木、车辆及雕刻等用。种仁含淀粉，可供酿酒或作糊料、饲料。树皮、枝叶、花蕾、花及种子均可入药。

29. 小叶杨

【学名】*Populus simonii* Carr.

【别名】白达木、冬瓜杨、大白树、水桐、山白杨、南京白杨、白杨柳。

【科属】杨柳科 Salicaceae 杨属 *Populus*。

【识别特征】乔木，高达 20m，胸径 50cm 以上。树皮幼时灰绿色，老时暗灰色，沟裂；树冠近圆形。幼树小枝及萌枝有明显棱脊，常为红褐色，后变黄褐色，老树小枝圆形，细长而密，无毛。芽细长，先端长渐尖，褐色，有黏质。叶菱状卵形、菱状椭圆形或菱状倒卵形，中部以上较宽，先端突急尖或渐尖，基部楔形、宽楔形或窄圆形，边缘平整，有细锯齿，无毛，上面淡绿色，下面灰绿或微白，无毛；叶柄圆筒形，黄绿色或带红色。雄花序长 2～7cm，花序轴无毛，苞片细条裂，雄蕊 8～9（～25）；雌花序长 2.5～6cm；苞片淡绿色，裂片褐色，无毛，柱头 2 裂。蒴果小，2（3）瓣裂，无毛。花期3~5月，果期4~6月。

【生长习性】

气候条件：温带气候，喜光，喜湿，耐瘠薄，耐干旱，耐寒，不耐庇荫。

海拔条件：垂直分布多生长在海拔 2000m 以下，最高可达 2500m。

分布地点：为我国原产树种。华北地区常见分布，以黄河中下游地区分布最为集中。我国东北、华北、华中、西北及西南地区均产，以河南、陕西、山东、甘肃、山西、河北、辽宁等地最多。

【食用部位及食用方法】嫩叶、皮。嫩叶立夏前可以吃，吃前需焯、水泡，无涩味后炒食。皮药用。

【栽培技术】

繁殖方法：种子繁殖。播种方式为撒播，种时多采用平床作业，床宽 1~1.2m，床长一般为 10~13m。播种前用清水浸泡种子1h，再用高锰酸钾液浸泡 10min，用清水洗净，再用清水浸泡 1 h 即可与沙混合后播种。单位播种量，在千粒重 0.45g、净值为 90%、发芽率为 80% 以上的条件下，每亩播种量为 0.5kg。在播种前灌足底水，待播床湿润而无积水时，即可播种。

土壤要求：应该选择湿润、肥沃土壤的河岸、山沟和平原，但是杜绝钙土。

植株管理：在苗木速生期要保证足够的水分，生长后期应少灌水或不灌水，以增强苗木木质，促进根系生长。播种后 1 个月，每公顷施尿素150kg，以后逐渐增加。9 月中旬以后停止施肥和控制灌溉，以促进苗木木质化。在苗木生长期间，为保持圃内无杂草，要及时除草和松土，及时间苗和定苗，去劣留优，均匀留苗，在真叶长出 3 对时，即可以进行第一次间苗。

【价值】小叶杨树形美观，叶片秀丽，生长快速，适应性强，是良好的防风固沙、保持水土、固堤护岸及绿化观赏树种，具有很高的园林价值。其木材轻软，纹理直，结构细，易加工，可供建筑、家具、造纸、火柴等用途使用。树皮含鞣质，可提制栲胶。有很高的经济价值。小叶杨还有祛风活血、清热利湿等功效，可治风湿痹疹、跌打损伤、肺热咳嗽、小便淋沥等症，具有很高的药用价值。

30. 细青皮

【学名】*Altingia excels*

【别名】青皮树。

【科属】金缕梅科 Hamamelidaceae 蕈树属 *Altingia*。

【识别特征】常绿乔木高 20m；嫩枝无毛或稍有短柔毛，干后暗褐色，老枝有皮孔。叶薄，干后近于膜质，卵形或长卵形，先端渐尖或尾状渐尖，基部圆形或近于微心形，上面干后暗绿色，下面初时有柔毛，以后变秃净，仅在脉腋间有柔毛；侧脉 6～8 对，在上面很明显，在下面突起，靠近边缘处相结合；网脉在上下两面颇明显；边缘有钝锯齿，托叶线形，早落；叶柄较纤细，略有柔毛。雄花头状花序常多个再排成总状花序，雄蕊多数，花丝极短，无毛，花药比花丝略长。雌花头状花序生于当年枝顶的叶腋内，通常单生，有花 14～22 朵，萼筒完全与子房合生，藏在花序轴内，无萼齿，被柔毛；花序柄长 2～4cm，花后稍伸长，有短柔毛。头状果序近圆球形，蒴果完全藏于果序轴内，无萼齿，不具宿存花柱；种子多数，褐色。本种具卵形而薄的叶片，先端尾状渐尖，基部圆形，叶柄在本属的种类当中是最长的，可达 4cm，容易和别的种类区别。在马来西亚及印度尼西亚等地，树高达 50m 或更高，在云南一带则高度不超过 20m。

【生长习性】

气候条件：湿热条件。

土壤条件：适生土壤为山地黄壤、红棕性壤。

分布地点：分布于我国云南的东南及西南部，西藏东南部的墨脱；同时亦见于印度、缅甸、马来西亚及印度尼西亚。

【食用部位及食用方法】嫩枝条。洗干净后炒食。可入药。

【栽培技术】

播种方法：种子繁殖。种子采集后，用清水浸泡24h催芽。播种后以甘蔗渣、锯末、木屑等做基土，精心栽培。1～2个月可以出苗。

【价值】树形高大，树干通直，出材率高，可制作高档家具、乐器和工艺品等。树皮树叶含有芳香油，嫩枝条可以食用。

31. 守宫木

【学名】*Sauropus androgynus*（L.）Merr.

【科属】大戟科 *Euphorbiaceae* 守宫木属 *Sauropus*。

【识别特征】灌木，高1～3m；小枝绿色，长而细，幼时上部具棱，老渐圆柱状；全株均无毛。叶片近膜质或薄纸质，卵状披针形、长圆状披针形或披针形，顶端渐尖，基部楔形、圆形或截形；侧脉每边5～7条，上面扁平，下面凸起，网脉不明显；托叶，着生于叶柄基部两侧，长三角形或线状披针形。雄花：1～2朵腋生，或几朵与雌花簇生于叶腋；花梗纤细；花盘浅盘状，6浅裂，裂片倒卵形，覆瓦状排列，无退化雌蕊；雄花3，花丝合生呈短柱状，花药外向，2室，纵裂；花盘腺体6，与萼片对生，上部向内弯而将花药包围。雌花：通常单生于叶腋；花萼6深裂，裂片红色，倒卵形或倒卵状三角形，顶端钝或圆，基部渐狭而成短爪，覆瓦状排列；无花盘；雌蕊扁球状，子房3室，每室2颗胚珠，花柱3，顶端2裂。蒴果扁球状或圆球状，乳白色，宿存花萼红色；果梗长5～10mm；种子三棱状，黑色。花期4～7月，果期7～12月。

【生长习性】

海拔条件：生于海拔500～1500m山地阔叶林下或山谷灌木丛中。

分布地点：海南、广东(高要、揭阳、饶平、佛山、中山、新会、珠海、深圳、信宜、广州)和云南(河口、西双版纳)等地均有栽培。分布于印度、斯里兰卡、老挝、柬埔寨、越南、菲律宾、印度尼西亚和马来西亚等国。

【食用部位及食用方法】嫩枝和嫩叶。民间用于炒食、做汤。质地脆爽，色泽翠绿，味香浓，口味独特，营养丰富，据说有清热祛湿、明目、调理肠胃等多种保健功能，不过不可大量食用。

【栽培技术】

繁殖方法：①种子繁殖。守宫木种子一般10～12月成熟，种子成熟后要随采随播，切忌进行晒种。将采摘后的种子放在阴凉处，用手搓开果壳，使种子相互分开，将果壳和种子播入沙床（在沙床上育苗出苗率高于其他土壤育苗），盖沙2～3cm，并轻度镇压，保持墒情。播后用喷壶浇水，注意保持沙床湿润，在气温20℃时一般25天出苗，待苗高15～20cm时移栽。②扦插繁殖。育苗一般在3～9月进行，以3～4月为最佳。选用健壮充实的一年生枝条作插条，长20～25cm，留2～3个节，将上部剪平，下部削成斜口，用20mg/L萘乙酸或15mg/L吲哚丁酸溶液浸泡15～30min，处理好的插条按株距10cm、行距15cm进行扦插，苗床上搭盖遮阳网遮阴，以利于提高成活率。

土壤要求：选择土质疏松、肥沃、排水性和通气性良好的砂质壤土栽培。

植株管理：管理上注意整形修剪和肥水管理，当苗木长至高20cm时进行摘心，让其多分枝，按篱壁式整形，每年12月进行树枝修剪。

肥水管理：追肥每年分3次进行，第1次在2～3月，第2次在6月，第3次在8月，每次每亩施尿素30kg，三元复合肥50kg，冬季结合修剪中耕施基肥1次，施肥采用沟施，每亩施腐熟农家肥1000kg，并进行清园。

采收：每年3～11月可采收上市，由于采食植株幼嫩的叶、梢、芽，所以采收一定要及时，否则嫩叶茎尖木质化，便失去商品和食用价值。一般每隔5～7天采摘1次，每亩可产10kg。

【价值】守宫木多作为蔬菜栽培，可植于庭院，也适合花盆种植。

32. 黄　槿

【学名】_Hibiscus tiliaceus_ Linn.

【科属】锦葵科 Malvaceae 木槿属 *Hibiscus*。

【识别特征】常绿灌木或乔木，高 4 ~ 10m，胸径粗达 60cm；树皮灰白色；小枝无毛或近于无毛，很少被星状绒毛或星状柔毛。叶革质，近圆形或广卵形，先端突尖，有时短渐尖，基部心形，全缘或具不明显细圆齿，上面绿色，嫩时被极细星状毛，逐渐变平滑无毛，下面密被灰白色星状柔毛，叶脉 7 或 9 条；托叶叶状，长圆形，先端圆，早落，被星状疏柔毛。花序顶生或腋生，常数花排列成聚散花序，苞片 7 ~ 10，线状披针形，被绒毛，中部以下连合成杯状；萼长 1.5 ~ 2.5cm，基部 1/3 ~ 1/4 处合生，萼裂 5，披针形，被绒毛；花冠钟形，花瓣黄色，内面基部暗紫色，倒卵形，外面密被黄色星状柔毛；雄蕊柱平滑无毛；花柱 5 分枝，被细腺毛。蒴果卵圆形，被绒毛，果爿 5，木质；种子光滑，肾形。花期 6 ~ 8 月。

【生长习性】

气候条件：耐旱，耐贫瘠，耐盐碱，抗风力强。

土壤条件：砂质壤土为佳

分布地点：产台湾、广东、福建等地。分布于越南、柬埔寨、老挝、缅甸、印度、印度尼西亚、马来西亚及菲律宾等热带国家或地区。

【食用部位及食用方法】嫩枝叶、花。可做凉菜或炒食。

【栽培技术】

播种方法：种子繁殖。黄槿种子种皮厚、坚硬，不易吸水，播种前必须进行种子处理。应用机械损伤其种皮，从而达到发芽的效果。药剂处理可以，用浓硫酸拌种后清水浸泡也能促进发芽。处理后的种子可直接点播在装填了基质的营养袋中，每个袋点播 2 ~ 3 粒。然后用细土覆盖，以不见种子为宜。播种后用 70% 的遮阳网覆盖，遮阴，同时减少淋水。幼苗出土并长出真叶后揭开遮阳网。成株后苗期可以粗放管理。

苗期管理：幼株注意水分补给，春至夏季施肥 2 ~ 3 次。成株后管理极粗放。每年早春修剪整枝，以控制植株高度。

【价值】树皮纤维供制绳索；木材坚硬致密，耐朽力强，适于建筑、造船及家具等用。在广州及广东沿海地区小城镇也有栽培，多作行道树。

33. 地锦槭

【学名】*Acer mono* Maxim.

【别名】色木槭。

【科属】槭树科 Aceraceae 槭属 *Acer*。

【识别特征】落叶乔木，高达 15～20m，树皮粗糙，常纵裂，灰色，稀深灰色或灰褐色。小枝细瘦，无毛，当年生枝绿色或紫绿色，多年生枝灰色或淡灰色，具圆形皮孔。冬芽近于球形，鳞片卵形，外侧无毛，边缘具纤毛。叶纸质，基部截形或近于心脏形，叶片的外貌近于椭圆形，常 5 裂，有时 3 裂及 7 裂的叶生于同一树上；裂片卵形，先端锐尖或尾状锐尖，全缘，裂片间的凹缺常锐尖，深达叶片的中段，上面深绿色，无毛，下面淡绿色，除了在叶脉上或脉腋被黄色短柔毛外，其余部分无毛；主脉 5 条，在上面显著，在下面微凸起，侧脉在两面均不显著；叶柄细瘦，无毛。花多数，杂性，雄花与两性花同株，多数常成无毛的顶生圆锥状伞房花序，生于有叶的枝上，花序的总花梗长 1～2cm，花的开放与叶的生长同时；萼片 5，黄绿色，长圆形，顶端钝形；花瓣 5，淡白色，椭圆形或椭圆倒卵形；雄蕊 8，无毛，比花瓣短，位于花盘内侧的边缘，花药黄色，椭圆形；子房无毛或近于无毛，在雄花中不发育，花柱无毛，很短，柱头 2 裂，反卷；花梗长 1 厘米，细瘦，无毛。翅果嫩时紫绿色，成熟时淡黄色；小坚果压扁状；翅长圆形，开成锐角或近于钝角。花期 5 月，果期 9 月。

【生长习性】

土壤条件：喜湿润肥沃土壤，在酸性、中性、石炭岩上均可生长。

分布地点：产东北、华北和长江流域各省份。生于海拔 800～1500m 的山坡或山谷疏林中。俄罗斯西伯利亚东部、蒙古、朝鲜和日本也有分布。

【食用部位及食用方法】枝、叶。夏季采收，鲜用或晒干。

【栽培技术】

繁殖方法：种子繁殖。播种在 4 月中旬进行。播种沟深约为 4 ~ 5cm，播幅 4 ~ 5cm。每亩播种量 20 ~ 25kg。播种要均匀，覆土 2 ~ 3cm，然后镇压一遍。湿砂层积催芽的种子发芽率高，出苗快。播种后经过 2 ~ 3 周种子发芽出土，出土后 3 ~ 4 天长出真叶，1 周内出齐。

土壤要求：选择地势平坦、土质疏松、排水良好的肥沃砂壤土做育苗地。

苗期管理：3 周后开始间苗。及时松土除草，保持床面湿润、疏松、无草。

肥水管理：苗木生长期追施化肥 2 次，每次每亩追碳酸氢铵 10kg。苗期灌水 5 ~ 6 次。

【价值】本种分布很广，用途很多，树皮纤维良好，可作人造棉及造纸的原料；叶含鞣质，种子榨油，可供工业方面的用途，也可作食用；木材细密，可供建筑、车辆、乐器和胶合板等制造之用；地锦槭的枝、叶有药用价值，可被祛风除湿、活血止痛。

34. 大果榕

【学名】_Ficus auriculata_ Lour.

【别名】无花果、馒头果。

【科属】桑科 Moraceae 榕属 _Ficus_。

【识别特征】乔木或小乔木，高 4 ~ 10m，胸径 10 ~ 15cm，榕冠广展。树皮灰褐色，粗糙，幼枝被柔毛，红褐色，中空。叶互生，厚纸质，广卵状心形，先端钝，具短尖，基部心形，稀圆形，边缘具整齐细锯齿，表面无毛，仅于中脉及侧脉有微柔毛，背面多被开展短柔毛，基生侧脉 5 ~ 7 条，侧脉每边 3 ~ 4 条，表面微下凹或平坦，背面突起；叶柄粗壮；托叶三角状卵形，紫红色，外面被短柔毛。榕果簇生于树干基部或老茎短枝上，倒梨形或扁球形至陀螺形，具明显的纵棱 8 ~ 12 条，幼时被白色短柔毛，成熟脱落，红褐色，顶生苞片宽三角状卵形，4 ~ 5 轮覆瓦状排列而成莲座状，基生苞片 3 枚，卵状三角形；总梗长 4~6cm，粗壮，被柔毛；雄花，无柄，花被片 3，匙形，薄膜质，透明，雄蕊 2，花药卵形，花丝长；瘿花花被片下部合生，上部 3 裂，微覆盖子房，花柱侧生，被毛，柱头膨大；雌花，生于另一植株榕果内，有或无柄，花被片 3 裂，子房卵圆形，花柱侧生，被毛，较瘿花花柱长。瘦果有黏液。花期 8 月至翌年 3 月，果期 5~8 月。

【生长习性】

气候条件：热带、亚热带沟谷林中。

土壤条件：在轻壤、黏壤、砂壤甚至盐碱地上都能生长，而且生长迅速。

海拔条件：生长于海拔 130~2100m 地带。

分布地点：产海南、广西、云南、贵州（罗甸）、四川（西南部）等地。喜生于低山沟谷潮湿雨林中。印度、越南、巴基斯坦等国也有分布。

【食用部位及食用方法】嫩枝叶、果实。采摘下嫩枝叶，洗净后，炒、煮或凉拌，食味鲜美；果实剥开即食。

【栽培技术】

繁殖方法：①分株繁殖。宜在雨季进行，分株时，用刀或铲将母株上的杈枝在萌生处劈下，定植于种植坑内即能成活。②种子繁殖。种子用少量火灰拌匀，均匀地撒播在平整的墒面上，盖肥粪土约 2cm，表面铺盖玉米秸秆。常浇水，保持土壤湿润。出苗后揭去遮盖物，拔除过密或纤弱苗，培育壮苗。当苗高 40~50cm 时起苗移栽。移栽时间宜在雨季，定植坑规格为 80cm×80cm×80cm，坑内施入适量畜粪肥或草木灰肥。定植成活后，松土除草一次，3~4 年便可利用。

土壤要求：育苗地选择排水良好、土层疏松、肥力中等的地块，深耕、捣细、作墒，墒宽 1m，墒长根据育苗多少而定。

植株管理：出苗后揭去秸秆，疏苗并去除弱小苗和病苗，培育壮苗。当苗高 40~50cm 时起苗移栽。移栽时间宜在雨季，定植坑规格为 80cm×80cm，深度 80cm 为佳。

肥水管理：常浇水，保持土壤湿润。定值坑内施人畜粪肥或草木灰肥。定植成活后，松土除草一次。

【价值】大果榕树幅大，分枝多，枝条光滑而健壮，放养紫胶，胶片质量好、产量高、易收获。大果榕用途广泛，既是优良的木本蔬菜植物和饲用植物，又是野生水果和紫胶寄主树种，还是庭院绿化观赏植物，具有广阔的开发前景。

35. 臭牡丹

【学名】*Clerodendrum bungei* Steud.

【别名】大红袍、臭八宝、矮童子、野朱桐、臭枫草、臭珠桐。

【科属】马鞭草科 Verbenaceae 大青属 *Clerodendrum*。

【识别特征】灌木，高 1~2m，植株有臭味；花序轴、叶柄密被褐色、黄褐色或紫色脱落性的柔毛；小枝近圆形，皮孔显著。叶片纸质，宽卵形或卵形，顶端尖或渐尖，基部宽楔形、截形或心形，边缘具粗或细锯齿，侧脉 4~6 对，表面散生短柔毛，背面疏生短柔毛和散生腺点或无毛，基部脉腋有数个盘状腺体；伞房状聚伞花序顶生，密集；苞片叶状、披针形或卵状披针形，长约 3cm，早落或花时不落，早落后在花序梗上残留凸起的痕迹，小苞片披针形；花萼钟状，被短柔毛及少数盘状腺体，萼齿三角形或狭三角形；花冠淡红色、红色或紫红色，花冠管裂片倒卵形；雄蕊及花柱均突出花冠外；花柱短于、等于或稍长于雄蕊；柱头 2 裂，子房 4 室。核果近球形，成熟时蓝黑色。花果期 5~11 月。

【生长习性】

气候条件：喜阳光充足和湿润环境，适应性强，耐寒耐旱，也较耐阴。

土壤条件：臭牡丹对土壤要求不严，宜在肥沃、疏松的腐叶土中生长。生于山坡、林缘或沟旁。

分布地点：产华北、西北、西南以及江苏、安徽、浙江、江西、湖南、湖北、广西。生于海拔 2500m 以下的山坡、林缘、沟谷、路旁、灌丛润湿处。印度北部、越南、马来西亚也有分布。

【食用部位及食用方法】根，枝叶和花。花盛开时鲜用，或将鲜花采集后阴干备用。叶同花一样，可随时采用，或采集阴干备用。

【栽培技术】

繁殖方法：①分株繁殖。在秋、冬季落叶后至春季萌芽前，挖取地上萌蘖株分栽即行。②根插繁殖。梅雨季节将横走的根蘖切下插于沙土中，插后 1~2 周生根。③播种繁殖。9~10 月采种，冬季沙藏，翌春播种，播后 2~3 周发芽。

苗期管理：生长期要控制根蘖扩展。保持土壤湿润，5~6 月可施肥 1 次，并随时修剪过多的萌蘖苗。冬季将干枯的地上部割除，减少病虫危害。

肥水管理：出苗后要适当浇水施肥。臭牡丹较耐旱，浇水频率可以较低。

【价值】根、茎、叶入药，有祛风解毒、消肿止痛之效，近来还用于治疗子宫脱垂。也有一定的观赏价值。

36. 旱　柳

【学名】*Salix matsudana*

【别名】立柳、直柳。

【科属】杨柳科 Salicaceae 柳属 *Salix*。

【识别特征】叶披针形，先端长渐尖，基部窄圆形或楔形，上面绿色，无毛，下面苍白色，幼时有丝状柔毛，叶缘有细锯齿，齿端有腺体，叶柄短，上面有长柔毛；托叶披针形或无，缘有细腺齿。花序与叶同时开放；雄花序圆柱形，多少有花序梗，花序轴有长毛；雄蕊 2，花丝基部有长毛，花药黄色；苞片卵形，黄绿色，先端钝，基部稍被短柔毛；子房长椭圆形，近于无柄，无毛，无花柱或很短，柱头卵形，近圆裂；苞片同雄花，腺体 2，背生和腹生。花期 4 月；果期 4~5 月。

【生长习性】

气候条件：耐寒冷、干旱及水湿，喜光，喜湿润。

分布地点：产于砖塔岭、双石屋、观崂村、凉清河、仰口等景区。中国内分布于东北、华北平原、西北黄土高原，西至甘肃、青海，南至淮河流域以及浙江、江苏等地。北美洲、欧洲国家及日本等国也有分布。

【食用部位及食用方法】根、枝、皮、叶。叶可泡茶喝，根、枝、皮可入药。

【栽培技术】

繁殖方法：扦插繁殖。扦插前剔除不良插穗和感染病虫害的插穗。插穗用清水浸1~2天，笔直插入陇面，芽尖向上，上切口与地面平。然后把附近踩实，使插穗与土壤紧密结合，保证成活。注意不要让皮和芽受到损伤。扦插的密度大小直接影响苗木的产量和质量。生产上采用大垄单行，即每垄上扦插1行，株距20cm。

土壤要求：育苗地应选择地势比较平坦，排水良好，通风良好、水源充足、土壤肥沃、疏松的砂壤土和壤土。

【价值】木材白色，轻软，供建筑、器具、造纸及火药等用。细枝可编筐篮。具有很高的绿化价值和观赏价值，为早春蜜源树种和固沙保土、四旁绿化树种，也可为庭院绿化树种。

37. 异叶梁王茶

【学名】_Nothopanax davidii_ Franch. Harms

【别名】大卫梁王茶。

【科属】五加科 Araliaceae 梁王茶属 _Nothopanax_。

【识别特征】无刺灌木或乔木，高6~12m。叶革质，二型，单叶、掌状分裂或具3小叶的掌状复叶同生于一株上；单叶长椭圆形或椭圆状披针形，有时为三角状卵形或三角形，2~3裂，先端渐尖至长渐尖，基部阔楔形至圆形，边缘疏生细锯齿，两面无毛，基出三脉明显凸起，网脉在上面凹，明显或不显，下面极不明显；具短或长的柄；掌状复叶有小叶3，披针形，几无柄。花序为顶生圆锥花序，花12~15朵组成伞形花序；花梗长2cm，稍被短柔毛或几无毛；花白色或淡黄色，芳香；小花梗长 5～7mm，在花下有关节，无毛；花萼有小的 5 齿；花瓣 5，三角状卵形；雄蕊 5，花丝与花瓣等长；子房 2 室，花盘稍凸起，花柱 2，中部以下合生成一柱状，上部分离。果球形，侧扁，熟时黑色，花柱宿存，外弯。花期 6～8 月，果期 9～11 月。

【生长习性】

海拔条件：生于山谷和山坡的常绿阔叶林、疏林、阳性灌木林、杂木林中以及林缘、路边或石灰岩山上，海拔 800～3000m。

【食用部位】树皮、枝、叶。

【价值】树皮、枝、叶均可提取芳香油；全株药用，有清热解毒、止痛的功效。本种根茎入药，可治疗风湿痹痛、跌打损伤，有祛风除湿活络之效。

38. 毛 梾

【学名】_Swida walteri_（Wanger.）Sojak

【别名】小六谷。

【科属】山茱萸科 Cornaceae 梾木属 _Swida_。

【识别特征】落叶乔木，高 6～15m；树皮厚，黑褐色，纵裂而又横裂成块状；幼枝对生，绿色，略有棱角，密被贴生灰白色短柔毛，老后黄绿色，无毛。冬芽腋生，扁圆锥形，被灰白色短柔毛。叶对生，纸质，椭圆形、长圆椭圆形或阔卵形，先端渐尖，基部楔形，有时稍不对称，上面深绿色，稀被贴生短柔毛，下面淡绿色，密被灰白色贴生短柔毛，中脉在上面明显，下面凸出，侧脉 4（～5）对，弓形内弯，在上面稍明显，下面凸起；叶柄幼时被有短柔毛，后渐无毛，上面平坦，下面圆形。伞房状聚伞花序顶生，花密，被灰白色短柔毛；花白色，有香味；花萼裂片 4，绿色，齿状三角形，长约 0.4mm，与花盘近于等长，外侧被有黄白色短柔毛；花瓣 4，长圆披针形，上面无毛，下面有贴生短柔毛；雄蕊 4，无毛，花丝线形，微扁，长 4mm，花药淡黄色，长圆卵形，2 室，丁字形着生；花盘明显，垫状或腺体状，无毛；花柱棍棒形，被有稀疏的贴生短柔毛，柱头小，头状，子房下位，花托倒卵形，密被灰白色贴生短柔毛；花梗细圆柱形，有稀疏短柔毛。核果球形，成熟时黑色，近于无毛；核骨质，扁圆球形，有不明显的肋纹。花期 5 月；果期 9 月。

【生长习性】

气候条件：喜光，不耐庇荫，适于年均温为 8 ~ 16.5℃，能耐冬季 - 27℃ 的低温和夏季 43℃ 的高温，适应的年降水量为 400 ~ 1500mm。

土壤条件：弱酸、中性和弱碱的砂土或黏性土壤上均能生长。在土壤 pH 值为 5.8 ~ 8.2、排水良好、土层深厚的中性砂壤土上生长较好。

分布地点：产辽宁、河北、山西南部以及华东、华中、华南、西南各省份。生于海拔 300 ~ 1800m，稀达 2600 ~ 3300m 的杂木林或密林下。

【食用部位及食用方法】嫩枝叶、种子和果实可以食用。果实可以出油。

【栽培技术】

繁殖方法：①种子繁殖。用苗床，春、秋播均可，行距 30cm，播幅 3 ~ 5cm，每公顷播量为 150 ~ 225 kg，覆土 2 ~ 3cm。秋播，在上冻前浇水 2 ~ 3 次，以利来年春季发芽、出苗。②嫁接繁殖。采用枝接或芽接。枝接于 3 月下旬至 4 月下旬，芽接于 7 月下旬至 8 月中旬进行。砧木选 1 ~ 2 年生的实生苗。接穗和芽应选自母树上的一年生枝条。③插根繁殖。春季植物萌发前挖长 10 ~ 18cm、粗 0.5 ~ 1cm 的根，按 15 ~ 20cm 的行距插入苗床，覆盖干草保持土壤湿润。

植株管理：可用乐果、150 倍的波尔多液或石硫合剂防治病虫害。

【价值】毛梾是一种良好的木本饲料植物，种子产量高，营养丰富，可作精饲料；传统医药学认为，毛梾枝叶性味苦，平，入肺经，外用可治漆疮等；是木本油料植物，果实含油可达27% ~ 38%，供食用或作高级润滑油，油渣可作饲料和肥料；其木材坚硬，纹理细致，质地精良、美观，可作高档家具或木雕之材；亦是绿化和固土树种，还是蜜源植物；叶和树皮可提制栲胶。

39. 铁刀木

【学名】*Cassia siamea* Lam.

【别名】泰国山扁豆、孟买黑檀、孟买蔷薇木。

【科属】苏木科 Caesalpiniaceae 决明属 *Cassia*。

【识别特征】乔木，高约10m左右；树皮灰色，近光滑，稍纵裂；嫩枝有棱条，疏被短柔毛。叶轴与叶柄无腺体，被微柔毛；小叶对生，革质，长圆形或长圆状椭圆形，顶端圆钝，常微凹，有短尖头，基部圆形，上面光滑无毛，下面粉白色，边全缘；托叶线形，早落。总状花序生于枝条顶端的叶腋，并排成伞房花序状；苞片线形；萼片近圆形，不等大，外生的较小，内生的较大，外被细毛；花瓣黄色，阔倒卵形，具短柄；雄蕊10枚，其中7枚发育，3枚退化，花药顶孔开裂；子房无柄，被白色柔毛。荚果扁平，边缘加厚，被柔毛，熟时带紫褐色；种子10~20颗。花期10~11月；果期12月至翌年1月。

【生长习性】

气候条件：需强光，适于温度23~30℃。耐热、耐旱、耐湿、耐瘠、耐碱、抗污染、易移植。

分布地点：除云南有野生外，南方各省份均有栽培。印度、缅甸、泰国有分布。

【食用部位及食用方法】嫩叶、花。嫩叶水烫、浸泡后炒或拌食，花糖渍。

【栽培技术】

繁殖方法：种子繁殖。每年4~8月，种子千粒质量25~30g，按250g/m²的播种量，采用撒播，均匀播种，播种后覆盖火烧土1cm，淋足水，然后用稻草覆盖畦面。

土壤要求：选择交通便利，地形平坦，排灌方便，肥沃、疏松的耕地或旱园地。

植株管理：播种后，晴天每天淋水1次，保持土壤适度湿润，不积水。播种后15~20天左右，当10%以上的幼苗出土后，揭去覆盖的稻草，每 7 天喷 1 次。晴天每天需对苗地进行淋水，保持土壤湿润，及时做好除草管理工作。当 70% 以上的幼苗出土后，苗高 3 ~ 5cm 开始把幼苗移入营养袋。小苗上袋后用透光度 50% 的遮阳网搭棚遮阴，晴天每天淋水 1 次。移植 15 天后施 0.5% 尿素水，每 30 天施 1 次。小苗上袋 30 天后拆除荫棚，及时做好除草管理工作。小苗移植成活率可达 95% 以上。

【价值】本种在我国栽培历史悠久，木材坚硬致密，耐水湿，不受虫蛀，为上等家具原料。老树材黑色，纹理甚美，可为乐器装饰。因其生长迅速，萌芽力强，枝干易燃，火力旺，在云南大量栽培作薪炭林，采用头状作业砍伐，砍后二年树高达 3 ~ 4m，一般每四年轮伐一次。

四、花　篇

1. 刺　槐

【学名】*Robinia pseudoacacia*

【科属】蝶形花科 Papilionaceae 刺槐属 *Robinia*。

【识别特征】落叶乔木，高 10～25m；树皮灰褐色至黑褐色，浅裂至深纵裂，稀光滑。小枝灰褐色，幼时有棱脊，微被毛，后无毛；具托叶刺；冬芽小，被毛。羽状复叶长；叶轴上面具沟槽；小叶常对生，椭圆形、长椭圆形或卵形，先端圆，微凹，具小尖头，基部圆至阔楔形，全缘，上面绿色，下面灰绿色，幼时被短柔毛，后变无毛；小托叶针芒状，总状花序腋生，下垂，花多数，芳香；苞片早落；花萼斜钟状，萼齿5，三角形至卵状三角形，密被柔毛；花冠白色，各瓣均具瓣柄，旗瓣近圆形，先端凹缺，基部圆，反折，内有黄斑，翼瓣斜倒卵形，与旗瓣几等长，基部一侧具圆耳，龙骨瓣镰状，三角形，与翼瓣等长或稍短，前缘合生，先端钝尖；雄蕊二体，对旗瓣的1枚分离；子房线形，无毛，花柱钻形，上弯，顶端具毛，柱头顶生。荚果褐色，或具红褐色斑纹，线状长圆形，扁平，先端上弯，具尖头，果颈短，沿腹缝线具狭翅；花萼宿存，有种子2～15粒；种子褐色至黑褐色，微具光泽，有时具斑纹，近肾形，种脐圆形，偏于一端。花期4～6月，果期8～9月。

【生长习性】

气候条件：喜温暖湿润气候，适宜的生长环境为海拔 500～900m、年平均气温 5～7℃、年降水量 400～500 mm 的地区。

　　土壤条件：耐干旱瘠薄，在砂土、砂壤土、黏壤土、黏土甚至矿渣堆、石砾土上都能生长。在中性土、酸性土和含盐量 0.3% 以下的轻盐碱土上均能正常生长。在积水过多、通气不良的黏土地上生长不良，易烂根和枯梢，甚至成片死亡。

　　分布地点：原产美国东部，17 世纪传入欧洲及非洲。我国于 18 世纪末从欧洲引入青岛栽培，现全国各地广泛栽植。

　　【食用部位及食用方法】花。做包子馅：槐花洗净，在热水里烫一会，但是注意不要时间太长，颜色变了即可，然后捞出控干水分，加入调料品；烙槐花饼；做槐花汤。

　　【栽培技术】

　　繁殖方法：播种繁殖。刺槐的种子首先要曝晒，除去果皮、秕粒和夹杂物。然后用 60℃热水浸泡 24 h，待种子膨胀后捞出催芽。每天适当喷水 1 ~ 2 次，每日翻动，经 5 天左右种子有 1/3 露白即可播种，要选在 4 月中下旬播种。

　　植株管理：包括松土锄草、踩穴、抹芽、间苗等。在苗高 3 ~ 4cm 时，选择雨后或灌溉后间苗，去除病苗弱苗病害苗，同时进行第 1 次除草。苗高 15cm 时，按照"去弱留强，去小留大"的原则进行定苗，并结合定苗进行第 2 次中耕除草。最后要整形修剪。

　　肥水管理：追肥结合中耕进行，一般每亩施腐熟的有机肥 1500 ~ 2500kg，追肥在 6 ~ 7 月份进行，每株每次追尿素和磷肥各 0.05kg。

　　【价值】材质硬重，抗腐耐磨，宜作枕木、车辆、建筑、矿柱等多种用材；生长快，萌芽力强，是速生薪炭林树种；又是优良的蜜源植物。对二氧化硫、氯气、光化学烟雾等的抗性都较强，还有较强的吸收铅蒸气的能力。

2. 白刺花

　　【学名】_Sophora davidii_（Franch.）Skeels

　　【别名】狼牙刺、马蹄针、马鞭采。

　　【科属】蝶形花科 Papilionaceae 槐属 _Sophora_。

【识别特征】灌木或小乔木，高 1～2m，有时 3～4m。枝多开展，小枝初被毛，旋即脱净，不育枝末端明显变成刺，有时分叉。羽状复叶；托叶钻状，部分变成刺，疏被短柔毛，宿存；小叶 5～9 对，形态多变，一般为椭圆状卵形或倒卵状长圆形，先端圆或微缺，常具芒尖，基部钝圆形，上面几无毛，下面中脉隆起，疏被长柔毛或近无毛。总状花序着生于小枝顶端；花小，较少；花萼钟状，稍歪斜，蓝紫色，不等大，圆三角形，无毛；花冠白色或淡黄色，有时旗瓣稍带红紫色，旗瓣倒卵状长圆形，先端圆形，基部具细长柄，柄与瓣片近等长，反折，翼瓣与旗瓣等长，单侧生，倒卵状长圆形，明显具海棉状皱褶，龙骨瓣比翼瓣稍短，镰状倒卵形，具锐三角形耳；雄蕊 10，等长，基部连合不到 1/3；子房比花丝长，密被黄褐色柔毛，花柱变曲，无毛，胚珠多数，荚果非典型串珠状，稍压扁，表面散生毛或近无毛，有种子 3～5 粒；种子卵球形，深褐色。花期 3～8 月，果期 6～10 月。

【生长习性】

气候条件：喜温暖湿润和阳光充足的环境，耐寒冷，耐瘠薄，但怕积水，稍耐半阴，不耐阴。

土壤条件：适宜疏松肥沃，排水良好的砂质土壤。

海拔条件：生于河谷沙丘和山坡路边的灌木丛中，海拔 2500m 以下。

分布地点：产华北、陕西、甘肃、河南、江苏、浙江、湖北、湖南、广西、四川、贵州、云南、西藏等地。

【食用部位及食用方法】花。可用来泡酒。白刺花 5g，杭菊 5g，生甘草 3g，斑根 1g，食用橘子粉 2 汤匙（约 10g），白糖 50g，柠檬酸（食用级）1g，或加绿茶 1g 亦佳。上 7 味，除橘子粉、柠檬酸外，以洁净水 1200mL 煮沸，保温 20～30min，乘热过滤，去渣，后加入橘子粉、柠檬酸，拌匀，加盖好，室温或隔井水冷却，即可作家庭冷饮。当天配制，当天饮用。或以滚开水冲泡后，饮用。

【栽培技术】

繁殖方法：种子繁殖。种子催芽处理后，有 1/3 种子露白时，即可进行播种。直播造林：选择地势高、土壤含盐量在 0.8% 以下的盐碱地，将其深耕、整平后，即可进行直播造林。按株行距 1m×2m，挖深 2~3cm 小穴，拍平穴底，墒情不好时灌入适当水，待水渗下后每穴撒入 5~8 粒种子，覆盖 0.5~1cm 土，将其拍实。播种后一般 5~7天出苗。待苗高 3~4cm 时，对多余的苗木可就地带土移栽。圃地育苗：选择地势较高的轻中度盐碱地作为育苗地，整成 90cm 宽的畦面，打好畦埂。深翻、耙平、压实后按 15~20cm 的行距划播种沟，沟深 2cm 以内，在沟内每隔 10cm 点播约 10 粒种子，然后覆土拍平拍实，最后封盖地膜。

土壤要求：种在排水良好、向阳的山坡谷地、沙滩。

植株管理：所育小苗长至 2~3 片真叶时，用移苗器先在准备造林的土地上按预定的株行距打好移植孔，然后在育苗地上用移苗器移苗，把起出带幼苗的土团完整地放入已经打好的移植孔内，最后浇水、封穴。此种方法造林，移栽成活率可以达到 85% 以上。

【价值】有很高的药用价值。白刺花根、叶入药，用于治疗便血、痢疾等症。还有不俗的饲用价值。

3. 紫　藤

【学名】*Wisteria sinensis*

【别名】朱藤、招藤、招豆藤、藤萝。

【科属】蝶形花科 Papilionaceae 紫藤属 *Wisteria*。

【识别特征】落叶藤本。茎左旋，枝较粗壮，嫩枝被白色柔毛，后秃净；冬芽卵形。奇数羽状复叶；托叶线形，早落，纸质，卵状椭圆形至卵状披针形，上部小叶较大，基部 1 对最小，先端渐尖至尾尖，基部钝圆或楔形，或歪斜，嫩叶两面被平伏毛，后秃净；小叶被柔毛；小托叶刺毛状，宿存。总状花序发自上年短枝的腋芽或顶芽，花序轴被白色柔毛；苞片披针形，早落；花芳香；花梗细；花萼杯状，密被细绢毛，上方 2 齿甚钝，下方 3 齿卵状三角形；花冠被细绢毛，上方 2 齿甚钝，下方 3 齿卵状三角形；花冠紫色，旗瓣圆形，先端略凹陷，花开后反折，基部有 2 胼胝体，翼瓣长圆形，基部圆，龙骨瓣较翼瓣短，阔镰形，子房线形，密被绒毛，花柱无毛，上弯，胚珠 6～8 粒。荚果倒披针形，密被绒毛，悬垂枝上不脱落，有种子 1～3 粒；种子褐色，具光泽，圆形，宽 1.5cm，扁平。花期 4 月中旬至 5 月上旬，果期 5～8 月。

【生长习性】

气候条件：喜阳光，耐寒，耐旱，耐水湿，耐瘠薄，略耐阴，且具有抗污染能力。

分布地点：产河北以南黄河、长江流域及陕西、河南、广西、贵州、云南等地。

【食用部位及食用方法】花。紫藤粥：紫藤花去蕊，取瓣洗净、控水，切丝，与粳米一起加水煮成粥。食用价值：在河南、山东、河北一带，人们常采紫藤花蒸食，清香味美。北京的"紫萝饼"和一些地方的"紫藤糕"、"紫藤粥"、"炸紫藤鱼"、"凉拌葛花"和"炒葛花菜"等，都是加入了紫藤花做成的。

【栽培技术】

繁殖方法：①播种。11 月采集种子，晾干，置于通风干燥处，次年春浸种 24～36h 后点播。3 年后可出圃。②分株。春季芽刚萌动时，将老株根部的 2 年生萌蘗条连根起出，另行栽植即可。③扦插。3 月选健壮的 1 年生枝条，剪成长 15cm 的插条，插入基质为蛭石的苗床，深度为插条的 2/3，浇透水，保持湿润环境，成活率较高。④压条。清明后至伏天均可进行。当年或 1 年生健壮枝条压入土中，深度达 10cm 以上，入土部位可刻伤，以促进生根。一般 40 天以后生根，秋后与母株分离，另行栽植即可。

土壤选择：应选择土壤深厚、疏松、肥水较好的土地作为栽培地。

植株管理：紫藤对光照适应性较强，既可植于阳光充足处，也能在半阴的环境生长。且耐寒性强，可忍耐 -30° 低温。但耐热性一般，气温高于 35℃ 时对其生长发育有一定影响。在紫藤休眠期，将植株上的过密枝、病弱枝、干枯枝剪去，可增强树势，有利开花。

　　肥水管理：定植穴挖好后，应在树穴内施入有机肥，与入土深翻拌匀，栽后浇透水。若在每年入冬前或花前施适量有机肥，则会使植株生长更加旺盛。

　　【价值】紫藤花可提炼芳香油，并有解毒、止吐泻等功效。紫藤的种子有小毒，含有氰化物，可治筋骨疼，还能防止酒腐变质。紫藤皮具有杀虫、止痛、祛风通络等功效，可治筋骨疼、风痹痛、蛲虫病等。

4. 大白杜鹃

　　【学名】*Rhododendron decorum* Franch.

　　【别名】大白花杜鹃。

　　【科属】杜鹃花科 Ericaceae 杜鹃属 *Rhododendron*。

　　【识别特征】常绿灌木或小乔木，高 1～3m，稀达 6～7m；树皮灰褐色或灰白色；幼枝绿色，无毛，老枝褐色。冬芽顶生，卵圆形，无毛。叶厚革质，长圆形、长圆状卵形至长圆状倒卵形，先端钝或圆，基部楔形或钝，稀近于圆形，无毛，边缘反卷，上面暗绿色，下面白绿色，中脉在上面稍凹下，黄绿色，下面凸出，侧脉约 18 对，在上面微凹入，下面稍凸起；叶柄圆柱形，黄绿色，无毛。顶生总状伞房花序，有香味；淡红绿色，有稀疏的白色腺体；花梗粗壮，淡绿带紫红色，具白色有柄腺体；花萼小，浅碟形，裂齿 5，不整齐；花冠宽漏斗状钟形，变化大，淡红色或白色，内面基部有白色微柔毛，外面有稀少的白色腺体，裂片 7～8，近于圆形，顶端有缺刻；雄蕊 13～16(～17)，不等长，花丝基部有白色微柔毛，花药长圆形，白色至浅褐色；子房长圆柱形，淡绿色，密被白色有柄腺体，花柱淡白绿色，通体有白色短柄腺体，柱头大，头状，黄绿色。蒴果长圆柱形，微弯曲，黄绿色至褐色，肋纹明显，有腺体残迹。花期 4～6 月，果期 9～10 月。

　　【生长习性】

　　气候条件：喜温暖。

海拔条件：适生于海拔 1000~4200m 地带。

分布地点：产四川西部至西南部、贵州西部、云南西北部和西藏东南部。

【食用部位及食用方法】花。把食用部位花冠留下，除去带毒的花蕊，趁新鲜放在水中煮沸几分钟，取出泡在冷水中漂洗 3~5 天，每天换一次水，漂去苦味和毒素后，煮汤或与蚕豆、咸肉、火腿等煮食或炒食。

【栽培技术】

繁殖方法：扦插繁殖。插穗要求生长健壮、无病菌感染、顶芽饱满。制作插穗的过程中，不断地给叶面洒水，防止穗条失水。用枝剪把每穗截成 8cm 左右长，插条切口要平滑不能破裂，上切口平切，切口离下端芽 0.5cm，下切口采用背面斜切。插床采用双层覆盖法，即透明塑膜 +70% 遮光率的遮阳网。扦插前整平插床，然后用 0.5% 高锰酸钾对插床进行消毒。

植株管理：要根据天气变化及时盖膜和揭膜，防治烧苗和冻害。定植前 15 天通风炼苗，以增强秧苗适应环境的能力。为了避免受到病菌的入侵，喷施一定浓度的杀菌剂，如甲基托布津 800 倍稀释液。

肥水管理：幼苗过弱时，可进行叶面追肥 3~5 次，也可追 1 次速效肥；苗床过干时适当浇水。

【价值】大白杜鹃花淡红色或白色，花梗淡绿色带紫红色，具有较高的观赏价值。可以植于庭园中阳光较为充足的假山坡或桥侧，也可点缀于亭榭间。根、枝、叶可入药。

5. 合 欢

【学名】_Albizia julibrissin_ Durazz

【别名】马缨花、绒花树。

【科属】含羞草科 Mimosaceae 合欢属 _Albizia_。

【识别特征】落叶乔木，高可达 16m，树冠开展；小枝有棱角，嫩枝、花序和叶轴被绒毛或短柔毛。托叶线状披针形，较小叶小，早落。二回羽状复叶，总叶柄近基部及最顶一对羽片着生处各有 1 枚腺体；羽片线形至长圆形，向上偏斜，先端有小尖头，有缘毛，有时在下面或仅中脉上有短柔毛；中脉紧靠上边缘。头状花序于枝顶排成圆锥花序；花粉红色；花萼管状，裂片三角形，花萼、花冠外均被短柔毛。荚果带状，嫩荚有柔毛，老荚无毛。花期 6 ~ 7 月，果期 8 ~ 10 月。

【生长习性】

气候条件：不耐阴，喜温暖湿润和阳光充足的环境，能适应多种气候条件。

土壤条件：耐干旱、瘠薄，不耐严寒，不耐涝，在湿润、肥沃土壤中生长良好。

分布地点：产我国东北至华南及西南部各省份。非洲、中亚至东亚均有分布；北美洲亦有栽培。

【食用部位及食用方法】花。将合欢花、粳米、红糖同放入锅内，加清水 500g，用文火烧至粥稠即可。于每晚睡前 1h 空腹温热顿服。或将合欢花用水浸泡，洗净；猪肝、瘦肉洗净，切片，用调味料拌匀；把合欢花放入锅内，加清水适量，文火煮沸十分钟，放入猪肝、瘦肉再煮沸，调味即可。

【栽培技术】

繁殖方法：种子繁殖。采用宽幅条播或撒播，播种后盖一层约 0.5cm 厚的细泥灰，然后覆盖稻草，用水浇湿，保持土壤湿润。用种量，需移苗栽植的播 45 ~ 60kg/hm²，不移苗的播 30 ~ 37.5kg/hm²。播种后 7 天内，晴天要喷 1 ~ 2 次水，保持苗床湿润。幼苗出土后逐步揭除覆盖物，第一片真叶普遍抽出后全部揭去覆盖物，并拔除杂草。

土壤要求：圃地要选背风向阳、土层深厚、砂壤或壤土、排灌溉方便的地方。翻松土壤，锄碎土块，做成东西向、宽 1m、表面平整的苗床。

植株管理：苗期要做好定苗、除草、施肥等工作。当苗高 15cm 左右时要进行定苗，株距 15 ~ 20cm。如果田间杂草过多可进行人工锄草或化学除草，定苗后要追肥。

肥水管理：定苗后结合灌水追施淡薄有机肥和化肥，加速幼树生长，也可叶面喷施 0.2% ~ 0.3% 的尿素和磷酸二氢钾混合液。8 月上旬以前要以施氮肥为主，用量为 225 ~ 375kg/hm^2，后期（8 月中下旬至 9 月间）以施用氮、磷、钾等复混肥为主，用量为 600 ~ 750kg/hm^2，施肥时要按照"少量多次"的原则，不得施"猛肥"，以防肥多"烧苗"。

【价值】园林价值：合欢树形优美，叶形雅致，花色迷人，是良好的景观树种。药用价值：夏秋时采剥树皮，晒干药用。性味甘、平。有解郁、和血、消痈肿之功。有治心神不安、忧郁、失眠、肺痈、痈肿、筋骨折伤之效。营养价值：合欢内含有很多化学成分，其中主要为黄酮类化合物、生物碱类化合物、氨基酸、糖类化合物。

6. 木 槿

【学名】*Hibiscus syriacus* Linn

【别名】木棉、荆条。

【科属】锦葵科 Malvaceae 木槿属 *Hibiscus*。

【识别特征】落叶灌木，高 3 ~ 4m，小枝密被黄色星状绒毛。叶菱形至三角状卵形，具深浅不同的 3 裂或不裂，先端钝，基部楔形，边缘具不整齐齿缺，下面沿叶脉微被毛或近无毛；叶柄上面被星状柔毛；托叶线形，疏被柔毛。花单生于枝端叶腋间，花梗被星状短绒毛；小苞片 6 ~ 8，线形，密被星状疏绒毛；花萼钟形，密被星状短绒毛，裂片 5，三角形；花钟形，淡紫色，花瓣倒卵形，外面疏被纤毛和星状长柔毛；雄蕊柱长约 3 厘米；花柱枝无毛。蒴果卵圆形，密被黄色星状绒毛；种子肾形，背部被黄白色长柔毛。花期 7 ~ 10 月。

【生长习性】

气候条件：喜温暖、湿润，耐半阴，耐干旱，耐寒，不耐水湿。

土壤条件：能在贫瘠的砾质土中或微碱性土中正常生长，适宜深厚、肥沃、疏松的土壤。

分布地点：台湾、福建、广东、广西、云南、贵州、四川、湖南、湖北、安徽、江西、浙江、江苏、山东、河北、河南、陕西等省份均有栽培，系我国中部各省份原产。

【食用部位及食用方法】花。洗净后去杂，炖肉、煮粥、酥炸或做汤用。木槿花制成的木槿花汁，具有止渴醒脑的保健作用。

【栽培技术】

繁殖方法：扦插繁殖。在春季 2 ~ 3 月时进行。选用 2 年生以上粗壮健康枝条截成长 20 ~ 25cm 左右的小段，扦插于苗床或直插于大田。入土深度以 8 ~ 10cm 为宜。苗床按株行距 20cm × 30cm 扦插。扦插时不必施任何肥料。直扦田畦宽 100cm、高 25cm、沟宽 30cm，管理得当当年可以开花。

土壤要求：木槿对土壤要求不严格，一般可利用房前屋后的空地、边角荒地种植，也可以成片种植进行专业化生产，在菜地、果园四周种植也行。

植株管理：新苗木种植后应马上浇水，两天后浇第 2 次水，5 天后再浇第 3 次水，此后根据土壤摘情来浇 2 ~ 3 次水。夏季大雨后要及时排水，并在适当的时候松土，增加土壤的通透性，防止因积水而烂根。

肥水管理：木槿喜肥，常施肥的植株比只施基肥的植株长势壮，花大色艳，且抗病能力强。在种植时，可使用腐熟发酵的圈肥作基肥，此后于每年早春及初夏木槿即将开花时和秋末各施用芝麻酱渣或烘干鸡粪，可使植株生长旺盛，花多且大。对于植株生长不良或明显缺乏营养的，可对叶面喷施氮、磷、钾复合肥，能起到增强树势的作用。

【价值】主供园林观赏用，或作绿篱材料；茎皮富含纤维，供造纸原料；木槿的花、果、根、叶和皮均可入药。

7. 蜡 梅

【学名】*Chimonanthus praecox*（Linn.）Link

【别名】金梅、腊梅、蜡梅花、蜡木、麻木紫、石凉茶、唐梅、香梅。

【科属】蜡梅科 Calycanthaceae 蜡梅属 *Chimonanthus*。

【识别特征】落叶灌木，高达 4m；幼枝四方形，老枝近圆柱形，灰褐色，无毛或被疏微毛，有皮孔；鳞芽通常着生于第二年生的枝条叶腋内，芽鳞片近圆形，覆瓦状排列，外面被短柔毛。叶纸质至近革质，卵圆形、椭圆形、宽椭圆形至卵状椭圆形，有时长圆状披针形，顶端急尖至渐尖，有时具尾尖，基部急尖至圆形，除叶背脉上被疏微毛外无毛。花着生于第二年生枝条叶腋内，先花后叶，芳香；花被片圆形、长圆形、倒卵形、椭圆形或匙形，无毛，内部花被片比外部花被片短，基部有爪；花丝比花药长或等长，花药向内弯，无毛，药隔顶端短尖，退化雄蕊长 3mm；心皮基部被疏硬毛，花柱长达子房 3 倍，基部被毛。果托近木质化，坛状或倒卵状椭圆形，口部收缩，并具有钻状披针形的被毛附生物。花期 11 月至翌年 3 月，果期 4 ~ 11 月。

【生长习性】

气候条件：喜阳光，耐半阴，耐寒。

土壤条件：生于土层深厚、肥沃、疏松、排水良好的微酸性砂质壤土上，在盐碱地上生长不良。耐旱性较强，怕涝，故不宜在低洼地栽培。

分布地点：野生于山东、江苏、安徽、浙江、福建、江西、湖南、湖北、河南、陕西、四川、贵州、云南等地；广西、广东等地均有栽培。生于山地林中。日本、朝鲜和欧洲、美洲国家均有引种栽培。

【食用部位及食用方法】梅花 5 ~ 7 朵，掰下花瓣，用清水洗净，用来炖鱼头汤、炖豆腐、炒牛肉条，还可以煲梅花粥。

【栽培技术】

繁殖方法：嫁接繁殖。切接多在 3 ~ 4 月进行，当叶芽萌动到有麦粒大小时切接最佳，从壮龄母株上选好粗壮的 1 年生枝条，接穗长 6 ~ 7cm，砧木切口则略长。嫁接完成后把接口扎好，再用泥浆封住接口。然后覆土。嫁接 1 个月后，可挖开覆土检查成活情况。

肥水管理：蜡梅喜肥，栽植前应施足有机肥，生长期多施氮肥。秋季落叶花芽分化时，可改施磷钾肥，以有利于花蕾分化，促进花朵质量和香气。在开花后再补充基肥。

【价值】花芳香美丽，是园林绿化植物。根、叶可药用，理气止痛、散寒解毒，治跌打、腰痛、风湿麻木、风寒感冒，刀伤出血；花解暑生津，治心烦口渴、气郁胸闷；花蕾油治烫伤。花可提取蜡梅浸膏 0.5% ~ 0.6%；化学成分有苄醇、乙酸苄醋、芳樟醇、金合欢花醇、松油醇、吲哚等。种子含蜡梅碱(calycanthine)。

8. 白玉兰

【学名】*Magnolia denudata* Desr.

【别名】玉兰、望春花、玉兰花。

【科属】木兰科 Magnoliaceae 木兰属 *Magnolia*。

【识别特征】落叶乔木，高达 25m，胸径 1m，枝广展形成宽阔的树冠；树皮深灰色，粗糙开裂；小枝稍粗壮，灰褐色；冬芽及花梗密被淡灰黄色长绢毛。叶纸质，倒卵形、宽倒卵形或倒卵状椭圆形，基部徒长枝叶椭圆形，先端宽圆、平截或稍凹，具短突尖，中部以下渐狭成楔形，叶上深绿色，嫩时被柔毛，后仅中脉及侧脉留有柔毛，下面淡绿色，沿脉上被柔毛，侧脉每边 8 ~ 10 条，网脉明显；叶柄被柔毛，上面具狭纵沟；托叶痕为叶柄长的 1/4 ~ 1/3。花蕾卵圆形，花先叶开放，直立，芳香；花梗显著膨大，密被淡黄色长绢毛；花被片 9 片，白色，基部常带粉红色，近相似，长圆状倒卵形；侧向开裂；雌蕊群淡绿色，无毛，圆柱形；雌蕊狭卵形，具长 4mm 的锥尖花柱。聚合果圆柱形(在庭园栽培种常因部分心皮不育而弯曲)；蓇葖厚木质，褐色，具白色皮孔；种子心形，侧扁，外种皮红色，内种皮黑色。花期 2 ~ 3 月(亦常于 7 ~ 9 月再开一次花)，果期 8 ~ 9 月。

【生长习性】

气候条件：喜温暖、湿润，不耐盐碱。

土壤条件：适宜排水良好的地方，要求土壤肥沃、不积水。喜肥沃适当湿润而排水良好的弱酸性土壤(pH 值 5 ~ 6),但亦能生长于碱性土(pH 值 7 ~ 8)中。

分布地点:产于江西(庐山)、浙江(天目山)、湖南(衡山)、贵州等地。生于海拔 500 ~ 1000m 的林中。现全国各大城市园林中广泛栽培。

【食用部位及食用方法】花。白玉兰花瓣、面粉、白糖调味拌和,入油锅煎后,则成一道香嫩的美食点心。此外,还可制作玉兰花茶、玉兰蜂蜜茶、玉兰花粥、玉兰饼、玉兰花蒸糕、玉兰花熘肉片、玉兰花沙拉、玉兰花素什锦、玉兰花三鲜汤、玉兰花蛋羹等花茶及美食。

【栽培技术】

繁殖方法:白玉兰的繁殖可采用嫁接、压条、扦插、播种等方法,但最常用的是嫁接和压条两种。播种主要用于培养砧木。嫁接以实生苗作砧木,行劈接、腹接或芽接。扦插可于 6 月初新梢之侧芽饱满时进行。播种或嫁接的幼苗,需重施基肥、控制密度,适当深栽,3 ~ 5 年可见稀疏花蕾。定植后 2 ~ 3 年,进入盛花期。夏季是玉兰生长与孕蕾的季节,干旱时应灌溉。整枝修剪可保持玉兰的树姿优美,通风透光,促使花芽分化,使翌年花朵硕大鲜艳。

植株管理:秋冬季进行深翻整地,翌春作床 1 ~ 1.5m,适合移植的时间为幼苗出土后长出 2 ~ 3 片真叶时。起苗前 1 ~ 2 天,若天气干燥,土壤板结,需将移植苗浇透水,每天浇一次。起苗时,为不破坏根系,土壤较板结时,用小铲(宽 2 ~ 3cm)成 45°角度插入土中,帮助松土。然后将幼苗上提,直到根系被完整提出土面。定植坑可在移植时临时用小铲掘挖,将幼苗放正,将根茎埋入土中 1 ~ 2cm,用手将土挤紧,然后浇水。修剪在花谢后与叶芽萌动前进行。一般不做大的整形修剪不修剪,因玉兰枝条的愈伤能力差,只需剪去过密枝、徒长枝、交叉枝、干枯枝、病虫枝,培养合理树形,使姿态优美。在剪锯伤口直接涂擦愈伤防腐膜可迅速形成一层坚韧软膜紧贴木质,保护伤口愈合组织生长,防腐烂病菌侵染,防土、雨水污染,防冻、防伤口干裂。

肥水管理:每年可施 2 次肥。一是越冬肥,二是花后肥,以稀薄腐熟的人粪尿为好，忌浓肥。浇水可酌情而定，阴天少浇，旱时多浇。春季生长旺盛，需水量稍大，每月浇 2 次透水；夏季可略多些；秋季减少水量；冬季一般小浇水，但土壤太干时也可浇 1 次水。

【价值】材质优良，纹理直，结构细，供家具、图板、细木工等用；花蕾入药与"辛夷"功效向；花含芳香油，可提取配制香精或制浸膏；花被片食用或用以熏茶；种子榨油供工业用。早春白花满树，艳丽芳香，为驰名中外的庭园观赏树种。

9. 紫玉兰

【学名】*Magnolia liliflora* Desr

【别名】木兰、辛夷、木笔、望春。

【科属】木兰科 Magnoliaceae 木兰属 *Magnolia*。

【识别特征】落叶灌木，高达 3m，常丛生，树皮灰褐色，小枝绿紫色或淡褐紫色。叶椭圆状倒卵形或倒卵形，先端急尖或渐尖，基部渐狭沿叶柄下延至托叶痕，上面深绿色，幼嫩时疏生短柔毛，下面灰绿色，沿脉有短柔毛；侧脉每边 8 ~ 10 条，托叶痕约为叶柄长之半。花蕾卵圆形，被淡黄色绢毛；花叶同时开放，瓶形，直立于粗壮、被毛的花梗上，稍有香气；花被片 9 ~ 12，外轮 3 片萼片状，紫绿色，常早落，内两轮肉质，外面紫色或紫红色，内面带白色，花瓣状，椭圆状倒卵形；雄蕊紫红色，侧向开裂，药隔伸出成短尖头；雌蕊群淡紫色，无毛。聚合果深紫褐色，圆柱形；成熟蓇葖近圆球形，顶端具短喙。花期 3 ~ 4 月，果期 8 ~ 9 月。

【生长习性】

气候条件：喜光，不耐阴，不耐水湿。

土壤条件：肥沃、湿润、排水良好的土壤，忌黏质土壤，不耐盐碱。

分布地点：产于福建、湖北、四川、云南西北部等地。生于海拔 300 ~ 1600m 的山坡林缘。

【食用部位及食用方法】同白玉兰。

【栽培技术】

繁殖方法：种子繁殖。9 月采集种子，冬季沙藏，翌年春播，20 ~ 30 天发芽。

土壤要求：紫玉兰喜疏松肥沃的酸性、微酸性土，可用腐叶土与菜园土等量混合作培养土。

植株管理：夏季高温和秋季干旱季节浇水，保持土壤湿度。花后和萌发新枝前，应剪去枯枝、密枝和徒长枝。

肥水管理：花期前后各施肥 1 次，以磷钾肥为主。适时适量浇水很重要。立春开花，盆土应该保持湿润，但是切忌渍水；落叶后盆土保持微润而不干即可。特别是雨季要注意排水防涝。

【价值】著名观赏树种。现代研究证明，紫玉兰所含的挥发油对鼻粘膜血管有收缩作用，并能促进分泌物的吸收，从而改善鼻孔通气。

10. 桂　花

【学名】*Osmanthus fragrans*（Thunb.）Lour.

【别名】木犀。

【科属】木犀科 Oleaceae 木犀属 *Osmanthus*。

【识别特征】常绿乔木或灌木，高 3 ~ 5m，最高可达 18m；树皮灰褐色。小枝黄褐色，无毛。叶片革质，椭圆形、长椭圆形或椭圆状披针形，先端渐尖，基部渐狭呈楔形或宽楔形，全缘或通常上半部具细锯齿，两面无毛，腺点在两面连成小水泡状突起，中脉在上面凹入，下面凸起，侧脉 6 ~ 8 对，多达 10 对，在上面凹入，下面凸起。聚伞花序簇生于叶腋，或近于帚状，每腋内有花多朵；苞片宽卵形，质厚，具小尖头，无毛；花梗细弱，无毛；花极芳香；花冠黄白色、淡黄色、黄色或橘红色；雄蕊着生于花冠管中部，花丝极短，药隔在花药先端稍延伸呈不明显的小尖头；果歪斜，椭圆形，呈紫黑色。花期 9 ~ 10 月上旬，果期翌年 3 月。

【生长习性】

气候条件：耐高温，喜光，抗旱性强，忌水渍，低于 − 6℃ 易受冻。

土壤条件：适于温暖、湿润、排水良好的砂质土壤，在碱性或黏性土中生长不良。

分布地点：原产我国西南部。现各地广泛栽培。

【食用部位及食用方法】花。作为作食品香料，可用来制糕点，如桂花红豆糕、桂花绿豆抹茶糕等；新鲜的桂花可以泡茶，有养颜美容、舒展喉咙等功效；并可以酿酒，该酒香甜醇厚，有开胃醒神、健脾补虚的功效。

【栽培技术】

繁殖方法：播种育苗。播种常用宽幅条播，行距20～25cm，幅宽10～12cm。播种时要将种脐朝向一侧，覆1～2cm的细土，再盖上稻草，喷水淋透土壤。这样能保水保肥。

苗期植株：当种子萌发出土后，及时揭草。苗圃要保持良好的通风，提高植株抗病能力。苗长大后，要进行中耕除草。浇水在新种植后的一个月内和种植当年的夏季，桂花大苗在正常的养护期间不需要大量浇水，在特别干旱的夏秋季节可适当浇水。

肥水管理：应以薄肥勤施为原则，以速效氮肥为主，中大苗全年施肥3～4次。早春，芽开始膨大前根系就已开始活动，吸收肥料。因此，早春期间在树盘内施有机肥，促进春梢生长。秋季桂花开花后，为了恢复树势，补充营养，入冬前期需施无机肥或土杂肥。其间可根据桂花生长情况，施肥1～2次。新移植的桂花，由于根系的损伤，吸收能力较弱，追肥不宜太早。移植坑穴的基肥应与土壤拌均再覆土，根系不宜直接与肥料接触，以免伤根，影响成活率。

【价值】为常见绿化树，树冠圆球形，枝叶繁茂，终年绿，秋天花香诱人。对二氧化硫、氯气等有害气体有一定的抗性，常植于房前屋后、草坪边缘、道路两旁，可孤植、对植、列植、丛植或作行道树。北方常盆栽，供布置会场，是用于美化、观赏、绿化的珍贵树木。桂花经济价值高，用途广，因其具有观赏、药用、食用价值，自古以来就是优良的园林绿化树种。

11. 栀子花

【学名】*Gardenia jasminoides* Ellis

【别名】黄栀子木丹、鲜支、越桃、支子花、玉荷花、白蟾花、碗栀等。

【科属】茜草科 Rubiaceae 栀子属 *Gardenia*。

【识别特征】灌木,高 0.3～3m;嫩枝常被短毛,枝圆柱形,灰色。叶对生,革质,稀为纸质,少为 3 枚轮生,叶形多样,通常为长圆状披针形、倒卵状长圆形、倒卵形或椭圆形,顶端渐尖、骤然长渐尖或短尖而钝,基部楔形或短尖,两面常无毛,上面亮绿,下面色较暗;侧脉 8～15 对,在下面凸起,在上面平;托叶膜质。花芳香,通常单朵生于枝顶;萼管倒圆锥形或卵形,有纵棱,萼檐管形,膨大,裂片披针形或线状披针形,结果时增长,宿存;花冠白色或乳黄色,高脚碟状,喉部有疏柔毛,冠管狭圆筒形,顶部 5～8 裂,通常 6 裂,裂片广展,倒卵形或倒卵状长圆形;花丝极短,花药线形,伸出;花柱粗厚,柱头纺锤形,伸出,黄色,平滑。果卵形、近球形、椭圆形或长圆形,黄色或橙红色;种子多数,扁,近圆形而稍有棱角。花期 3～7 月,果期 5 月至翌年 2 月。

【生长习性】

气候条件:喜温暖,怕燥热寒冷。适宜温度为 15～20℃。

土壤条件:偏酸性土壤,pH 值 4.5～6.5 为宜。土质要疏松透水,透气性好,养份含量高。

分布地点:产于山东、江苏、安徽、浙江、江西、福建、台湾、湖北、湖南、广东、香港、广西、海南、四川、贵州和云南,河北、陕西和甘肃等地有栽培;生于海拔 10～1500m 处的旷野、丘陵、山谷、山坡、溪边的灌丛或林中。国外分布于日本、朝鲜、越南、老挝、柬埔寨、印度、尼泊尔、巴基斯坦、太平洋岛屿和美洲北部,野生或栽培。

【食用部位及食用方法】花。窨制花茶;提制食品色素;栀子花可以清炒，也可以配上小竹笋或者腊肉炒食，还可以制成栀子蛋花、栀子花鲜汤，凉拌栀子花等营养膳食。

【栽培技术】

繁殖方法：扦插繁殖，可分为春插和秋插。春插在2月中下旬；秋插在9月下旬到10月。插穗选用生长健康的2~3年生枝条，剪下枝条，约为10~12cm。保留顶上两片叶子，剪去下部叶片。然后斜插于培养土中。

土壤选择：培养土应由微酸的砂壤红土和腐叶质混合而成。红土与腐叶质的比率为7:3。

植株管理：栀子花喜温暖湿润的环境，耐阴，适宜生长温度18~25℃，开花适温25~28℃，夏季太阳直射温度过高，应控制在全日光照60%左右，不然会使叶子发黄。冬季气温降至-5℃时做好防冻措施。栀子花喜湿。春季每天浇水1次，夏季经常浇水遮阴，保持空气湿度70%；秋季要适当控水，充实新技。

水肥管理：在5~8月现蕾期和开花期间，应亩施复合肥50kg。对落花落果严重的可适当增加磷钾肥，1%~2%活性硼肥加0.3%尿素、0.2%磷酸二氢钾的混合液每隔15天喷1次，共喷2次，选晴天喷洒花、叶、果上作为根外追肥。8月上中旬亩施厩肥2000kg、尿素5kg、沤熟饼肥30kg，以促进果实发育和花芽分化，为翌年开花结果打好基础。

【价值】本种作盆景植物，称"水横枝"；花大而美丽、芳香，广植于庭园供观赏。干燥成熟果实是常用中药，其主要化学成分有京尼平甙（Geniposide）、栀子甙（Gardenoside）、黄酮类栀子素（Gardenin）、山栀甙（Shanzhjside）等；能清热利尿、泻火除烦、凉血解毒、散瘀。叶、花、根亦可作药用。从成熟果实亦可提取栀子黄色素，在民间作染料应用，在化妆品等工业中用作天然着色剂原料，又是一种品质优良的天然食品色素，没有人工合成色素的副作用，且具有一定的医疗效果；它着色力强，颜色鲜艳，具有耐光、耐热、耐酸碱性、无异味等特点，可广泛应用于糕点、糖果、饮料等食品的着色上。花可提制芳香浸膏，用于多种花香型化妆品和香皂香精的调合剂。本种在我国广泛种植，全国种植面积约 20 多万亩，其中湖南、江西两省种植最多，且栀子的质量最好。

12. 棣棠花

【**学名**】*Kerria japonica*（L.）DC.

【**别名**】棣棠、地棠、蜂棠花、黄度梅、金棣堂梅、黄榆梅。

【**科属**】蔷薇科 Rosaceae 棣棠花属 *Kerria*。

【**识别特征**】落叶灌木，高 1~2m，稀达 3m；小枝绿色，圆柱形，无毛，常拱垂，嫩枝有棱角。叶互生，三角状卵形或卵圆形，顶端长渐尖，基部圆形、截形或微心形，边缘有尖锐重锯齿，两面绿色，上面无毛或有稀疏柔毛，下面沿脉或脉腋有柔毛；叶柄无毛；托叶膜质，带状披针形，有缘毛，早落。单花，着生在当年生侧枝顶端，花梗无毛；萼片卵状椭圆形，顶端急尖，有小尖头，全缘，无毛，果时宿存；花瓣黄色，宽椭圆形，顶端下凹，比萼片长 1~4 倍。瘦果倒卵形至半球形，褐色或黑褐色，表面无毛，有皱褶。花期 4~6 月，果期 6~8 月。

【**生长习性**】

气候条件：喜光，稍耐阴，喜温暖环境，抗寒力较弱。

土壤条件：种植于光照充足处，适于轻黏壤土。

分布地点：产甘肃、陕西、山东、河南、湖北、江苏、安徽、浙江、福建、江西、湖南、四川、贵州、云南等地。生于海拔 200~3000m 的山坡灌丛中。日本也有分布。

【**食用部位及食用方法**】花。花以水稍烫，漂洗后凉拌炒食、做汤，或用面粉、蛋汁、清水调制成面糊后油炸。

【**栽培技术**】

繁殖方法：以分株繁殖为主。在早春和晚秋进行，直接在土中从母株上分割下各带枝干的新株取出移栽，留在土中的母株，第二年可以再次分株。

肥水管理：棣棠喜肥。除需要适量施用基肥外，以后每年都应施肥，以保证枝繁叶茂。浇水方面，则要保持土壤湿润。

【价值】棣棠花枝叶翠绿细柔，金花满树，是园林中的常用植物。茎髓作为通草代用品入药，有催乳利尿之效。花除供观赏外，入药有消肿、止痛、止咳、助消化等作用。

13. 海棠花

【学名】*Malus spectabilis*（Ait.）Borkh.

【别名】解语花、海红、子母海棠、小果海棠。

【科属】蔷薇科 Rosaceae 苹果属 *Malus*。

【识别特征】乔木，高可达8m；小枝粗壮，圆柱形，幼时具短柔毛，逐渐脱落，老时红褐色或紫褐色，无毛；冬芽卵形，先端渐尖，微被柔毛，紫褐色，有数枚外露鳞片。叶片椭圆形至长椭圆形，先端短渐尖或圆钝，基部宽楔形或近圆形，边缘有紧贴细锯齿，有时部分近于全缘，幼嫩时上下两面具稀疏短柔毛，以后脱落，老叶无毛；叶柄具短柔毛；托叶膜质，窄披针形，先端渐尖，全缘，内面具长柔毛。花序近伞形，有花4~6朵，具柔毛；苞片膜质，披针形，早落；萼筒外面无毛或有白色绒毛；萼片三角卵形，先端急尖，全缘，外面无毛或偶有稀疏绒毛，内面密被白色绒毛，萼片比萼筒稍短；花瓣卵形，基部有短爪，白色，在芽中呈粉红色；雄蕊20~25，花丝长短不等，长约花瓣之半；果实近球形，黄色，萼片宿存，基部不下陷，梗洼隆起；果梗细长，先端肥厚。花期4~5月，果期8~9月。

【生长习性】

气候条件：喜光，喜湿润耐干旱，耐寒，能耐-35℃低温。

分布地点：河北、山东、陕西、江苏、浙江、云南。平原或山地，海拔50~2000m。

【食用部位及方法】花、果。花的食用方法有白糖腌制、泡茶、做点心。海棠果含有糖类、多种维生素及有机酸，酸甜可口，可鲜食或制作蜜饯。

【栽培技术】

繁殖方法：①嫁接繁殖。嫁接砧木一般选用山定子或海棠实生苗，7月中旬将砧木锯断，只保留地表以上的8~12cm。一个月后，在当年生健壮枝条上选取粗壮的接芽，从母株上剥离，进行芽接。②压条繁殖。7月初，从海棠花母株上选取一年生粗壮无病虫害的枝条，将要压入土中的部分表皮刻伤，用土压住，最后浇水，第二年春天萌芽前脱离母株定植。③分株繁殖。早春三月，在植株未萌芽前，将萌蘖苗从母株上带根分离下来，植入事先挖好并施有圈肥的种植坑中，浇水后进行适当遮阴，并保持土壤湿润，成活后进入正常管理。

土壤要求：在壤土、黄沙中均能正常生长，但在砂壤土中成长最好；能耐轻度盐碱土，也耐土壤贫瘠，但在深厚肥沃的土壤中生长茂盛。

植株管理：栽植后马上浇水，且要浇足水。春季进行一次修剪，剪除枯枝、徒长枝，减少养分散失。保持树形疏散，通风透光。浇水以盆土保持湿润为宜，忌盆内积水，否则会烂根。生长期间约10天施1次稀饼肥；在孕蕾期追施速效磷肥。

肥水管理：海棠花喜肥，种植时穴底应施入腐熟发酵的圈肥做基肥，此后每年7~8月在花芽分化集中期施一些氮磷钾复合肥，初冬结合冻水再施一次有机肥，以芝麻酱渣和烘干鸡粪为好。

【价值】海棠花有很高的的园林价值、观赏价值；海棠果可食。

14. 月　季

【学名】_Rosa chinensis_ Jacq.

【别名】月月红、月月花、长春花、四季花、胜春。

【科属】蔷薇科 Rosaceae 蔷薇属 _Rosa_。

【识别特征】直立灌木，高1~2m；小枝粗壮，圆柱形，近无毛，有短粗的钩状皮刺或无刺。小叶3~5，稀7，小叶片宽卵形至卵状长圆形，先端长渐尖或渐尖，基部近圆形或宽楔形，边缘有锐锯齿，两面近无毛，上面暗绿色，常带光泽，下面颜色较浅，顶生小叶片有柄，侧生小叶片近无柄，总叶柄较长，有散生皮刺和腺毛；托叶大部贴生于叶柄，仅顶端分离部分成耳状，边缘常有腺毛。花几朵集生，稀单生；花梗近无毛或有腺毛，萼片卵形，先端尾状渐尖，有时呈叶状，边缘常有羽状裂片，稀全缘，外面无毛，内面密被长柔毛；花瓣重瓣至半重瓣，红色、粉红色至白色，倒卵形，先端有凹缺，基部楔形；花柱离生，伸出萼筒口外，约与雄蕊等长。果卵球形或梨形，红色，萼片脱落。花期4～9月，果期6～11月。

【生长习性】

气候条件：不耐严寒和高温，耐旱。适宜气温为22～25℃。

分布地点：原产中国，各地普遍栽培。

【食用部位及食用方法】花。花可和蜂蜜、粳米、桂圆肉搅拌均匀，煮粥，也可泡茶。晒干可做佐料，也可炒食、配菜，如花香排骨。

【栽培技术】

繁殖方法：扦插繁殖。插条应选在枝条积累养分最多的6月上旬至8月初，采集当年生优良母枝上未木质化、半木质化的枝条，插穗长度6～8cm，下切口呈斜面并靠近腋芽，以利于生根。留1～2叶片。扦插前将沙床喷湿，速蘸药液后扦插，扦插深度2～3cm，株行距7cm×7cm，扦插后插孔要压紧，让河沙与插穗充分接触。扦插完毕后用喷雾器将叶片均匀喷湿，然后用塑料薄膜覆盖于拱棚上。

土壤选择：对土壤要求不严格，但最好选择富含有机质、排水良好的微带酸性砂壤土。

植株管理：月季耐干旱怕积水。浇水要掌握干浇、湿排的原则。春季一般少雨多风，要浇足水，浇后松土，以后要视土壤的干湿、苗木的大小及雨水的多寡浇水。夏季烈日曝晒，土壤温度高，浇水应在17：00以后。秋季降雨量大，要注意排水。露天栽培越冬，要在冬初合理修剪后追肥1次，水浇足。

肥水管理：在冬剪后至萌芽前施基肥，应施足有机肥料。春季展叶时新根大量生长，不能施浓肥，以免根系受损而影响生长。生长期要多次施肥，5月盛花后及时追肥，以促夏季开花和秋季花盛。秋末要控制施肥，以防秋梢过旺受到霜冻。视苗木生长情况可根下追肥，也可叶面喷洒尿素、磷酸二氢钾、高美施、硫酸亚铁等，能促进苗木生长，培育出理想的棵型、美丽的花朵。根据天气、气温，少施、勤施；切忌早施、暴施，以免产生肥害。

【价值】著名的园艺观赏花卉，有很高的的观赏价值。花、根、叶均入药。花含挥发油、槲皮苷鞣质、没食子酸、色素等，治月经不调、痛经、痛疖肿毒。叶治跌打损伤。鲜花或叶外用，捣烂敷患处。

15. 玫　瑰

【学名】*Rosa rugosa* Thunb.

【别名】徘徊花、刺客、刺玫花、赤蔷薇花、穿心玫瑰。

【科属】蔷薇科 Rosaceae 蔷薇属 *Rosa*。

【识别特征】直立灌木，高可达 2m；茎粗壮，丛生；小枝密被绒毛，并有针刺和腺毛，有直立或弯曲、淡黄色的皮刺，皮刺外被绒毛。小叶片椭圆形或椭圆状倒卵形，先端急尖或圆钝，基部圆形或宽楔形，边缘有尖锐锯齿，上面深绿色，无毛，叶脉下陷，有褶皱，下面灰绿色，中脉突起，网脉明显，密被绒毛和腺毛，有时腺毛不明显；叶柄和叶轴密被绒毛和腺毛；托叶大部贴生于叶柄，离生部分卵形，边缘有带腺锯齿，下面被绒毛。花单生于叶腋，或数朵簇生，苞片卵形，边缘有腺毛，外被绒毛；花梗密被绒毛和腺毛；萼片卵状披针形，先端尾状渐尖，常有羽状裂片而扩展成叶状，上面有稀疏柔毛，下面密被柔毛和腺毛；花瓣倒卵形，重瓣至半重瓣，芳香，紫红色至白色；花柱离生，被毛，稍伸出萼筒口外，比雄蕊短很多。果扁球形，砖红色，肉质，平滑，萼片宿存。花期 5 ~ 6 月，果期 8 ~ 9 月。

【生长习性】

气候条件：不耐高温，喜温暖，最适宜的生长温度为白天 20 ~ 27℃，夜间 15 ~ 18℃，在 5℃ 也能极缓慢地生长开花，但低于 5℃ 即进入休眠或半休眠状态，一些低温品种在 10 ~ 15℃ 的条件下也能正常生长。

土壤条件：喜疏松、肥沃、排水良好的土壤，在微酸性或微碱性土壤中都能正常生长。

分布地点：原产我国华北地区以及日本和朝鲜。我国各地均有栽培。

【食用部位及食用方法】花。玫瑰花富含维生素 C、葡萄糖、蔗糖、柠檬酸、苹果酸，食之味道鲜美。用其泡茶，茶质纯温和，味道清幽自然；冲泡后散发香甜甘美气息，可助新陈代谢。用玫瑰花制成的玫瑰酱，用于多种糕点馅，如玫瑰元宵、玫瑰月饼等深受人们的喜爱。平阳名吃"犁丸子"的辅料就是玫瑰酱。玫瑰酒也是传统产品，"玫瑰花开香如海，正是家家酒熟时"，正是说玫瑰酒的甘醇与香甜。玫瑰果实含丰富的维生素 C、葡萄糖、果糖、木糖、蔗糖、柠檬酸、苹果酸及奎宁酸等，具有巨大的开发潜力。

【栽培技术】

繁殖方法：①剪枝法：该方法对修剪技术要求高，成花慢，产量高，商品花比例低。②压枝法：对修剪技术要求不高，成花快，产量低，鲜花质量好。

苗期管理：定植缓苗后及时中耕松土，并防治病虫害；定植后及时浇水，定植水一定要浇足浇透，保持床面湿润。

肥水管理：浇水追肥要视情况而定。玫瑰定植后一般能开 5 年，因此施肥要多、重，一般施有机肥 $60t/hm^2$ 左右，磷酸二铵 $750kg/hm^2$，过磷酸钙 $2250kg/hm^2$，有机肥要充分腐熟。

【价值】玫瑰花色艳丽，芳香浓郁，形、色、香俱佳，有极高的观赏价值。另外，玫瑰果实中含有丰富的维生素 C 和其他有利于人体健康的物质。因此，玫瑰也将是园林结合生产的好材料，开发玫瑰果汁饮料应是玫瑰果实利用的良好途径。

16. 省沽油

【学名】*Staphylea bumalda* DC.

【别名】珍珠花。

【科属】省沽油科 Staphyleaceae 省沽油属 *Staphylea*。

【识别特征】落叶灌木，高约 2m，稀达 5m，树皮紫红色或灰褐色，有纵棱；枝条开展，绿白色复叶对生，有长柄，具三小叶；小叶椭圆形、卵圆形或卵状披针形，先端锐尖，具尖尾，基部楔形或圆形，边缘有细锯齿，齿尖具尖头，上面无毛，背面青白色，主脉及侧脉有短毛。圆锥花序顶生，直立，花白色；萼片长椭圆形，浅黄白色，花瓣 5，白色，倒卵状长圆形，较萼片稍大，雄蕊 5，与花瓣略等长。蒴果膀胱状，扁平，2 室，先端 2 裂；种子黄色，有光泽。花期 4～5 月，果期 8～9 月。

【生长习性】

气候条件：喜湿润气候，适应短日照。

土壤条件：肥沃而排水良好、pH 值 5～6 之间的酸性或偏酸性土壤，适宜省沽油生长；而土层瘠薄、有机质含量低、速效钾含量低的砂土、石灰性土壤省沽油几乎不能生长。

分布地点：产黑龙江、吉林、辽宁、河北、山西、陕西、浙江、湖北、安徽、江苏、四川等地。生于路旁、山地或丛林中。

【食用部位及食用方法】花。花和嫩叶一起采撷，沸水煮后，晒干备用，可随肉小炒、清炖蹄膀、单炒、独炖等。

【栽培技术】

繁殖方法：种子繁殖。将种子混 1 倍以上的湿沙，均匀地撒在床面上（约 2000 粒/m² 种子），再均匀覆盖 2～3cm 厚细沙，洒水，搭小塑料拱棚。棚高 70～80cm，棚内相对湿度保持 80% 左右，温度 15℃以上，当温度超过 35℃时，立即喷水、通风散热，以免灼伤幼芽。

植株管理：4 月中旬，待小苗长出 4～6 片真叶时去掉拱棚，炼苗3～5 天后进行移栽。移栽株行距 15～25cm，必须做到随起苗、随栽植、随浇水。在每年夏季 5～8 月分别进行中耕除草、幼林遮阴、整形修剪、病虫害防治。

【价值】种子油可制肥皂及油漆。据分析，种子含油 17.57%。茎皮可作纤维。本种叶、果均具观赏价值，适宜在林缘、路旁、角隅及池边种植。

17. 鸡蛋花

【学名】*Plumeria rubra* L. cv. *Acutifolia*

【别名】缅栀子、蛋黄花。

【科属】夹竹桃科 Apocynaceae 鸡蛋花属 *Plumeria*。

【识别特征】小乔木，高达 5m；枝条粗壮，带肉质，无毛，具丰富乳汁。叶厚纸质，长圆状倒披针形，顶端急尖，基部狭楔形，叶面深绿色；中脉凹陷，侧脉扁平，叶背浅绿色，中脉稍凸起，侧脉扁平，仅叶背中脉边缘被柔毛，侧脉每边 30 ~ 40 条，近水平横出，未达叶缘网结；叶柄被短柔毛。聚伞花序顶生，总花梗三歧，肉质，被老时逐渐脱落的短柔毛；花梗被短柔毛或毛脱落，长约 2 厘米；花萼裂片小，阔卵形，顶端圆，不张开而压紧花冠筒；花冠深红色，花冠筒圆筒形；花冠裂片狭倒卵圆形或椭圆形，比花冠筒长；雄蕊着生在花冠筒基部，花丝短，花药内藏；心皮 2，离生；每心皮有胚珠多颗。蓇葖双生，广歧，长圆形，顶端急尖，淡绿色；种子长圆形，扁平，浅棕色，顶端具长圆形膜质的翅，翅的边缘具不规则的凹缺。花期 3 ~ 9 月，果期（栽培种极少结果）一般为 7 ~ 12 月。

【生长习性】

气候条件：喜高温高湿、阳光充足、排水良好的环境，耐干旱，畏寒冷，忌涝渍。适生温度为 23 ~ 30℃，夏季能耐 40℃的极端高温。

土壤条件：深厚肥沃、通透良好、富含有机质的酸性砂壤土为佳。

分布地点：原产于南美洲，现广植于亚洲热带和亚热带地区。我国南部有栽培，常见于公园、植物园栽培观赏。

【食用部位及食用方法】花。鸡蛋花炖鸡：以鸡蛋花配党参炖鸡，清润可口、润燥益肺、清热生津，男女老少皆宜。鸡蛋花干花 15g、党参 30g、鸡半只、猪瘦肉 150g、蜜枣 2 粒、生姜 3 片，一起置入炖盅。

【栽培技术】

繁殖方法：扦插繁殖。南方冬季扦插，北方选择夏季。从分枝的基部剪取长 20～30cm 枝条。剪口处会溢出白色汁液。需放在阴凉通风处 2～3 天，使伤口结一层保护膜再扦插，带乳汁扦插易腐烂。插入干净的蛭石或沙床中，喷水，置于室内或室外阴凉处。

植株管理：插后 15～20 天移至半阴处，使之见光，切忌光照不能太强。保持 18～25℃的温度和 65%～75%的湿度，3 周出根，1～2 个月后即可盆栽。

肥水管理：鸡蛋花喜肥，上盆或翻盆换土时，宜在培养土中加 20～30g 骨粉，50～80g 过磷酸钙。5～10 月，每 10～15 天施 1 次淡薄的腐熟有机肥或氮磷钾复合肥，忌单施氮肥，防徒长，冬季不施肥。

【价值】观赏价值：在老挝，鸡蛋花被定为国花而备受尊崇；鸡蛋花茶带着淡淡的甘甜味，非常适合夏季饮用，可以很好地解暑降热；提取香精供制造高级化妆品、香皂和食品添加剂之用。鸡蛋花经晾晒干后可以作为一味中药，具有清热解暑、润肺润喉咙的功效，还可以治疗咽喉疼痛等疾病。

18. 构　树

【学名】_Broussonetia papyrifera_（Linn.）L'Hér. ex Vent.

【别名】野谷树、楮树。

【科属】桑科 Moraceae 构属 _Broussonetia_。

【识别特征】乔木，高 10～20m；树皮暗灰色；小枝密生柔毛。叶螺旋状排列，广卵形至长椭圆状卵形，先端渐尖，基部心形，两侧常不相等，边缘具粗锯齿，不分裂或 3～5 裂，小树之叶常有明显分裂，表面粗糙，疏生糙毛，背面密被绒毛，基生叶脉三出，侧脉 6～7 对；叶柄密被糙毛；托叶大，卵形，狭渐尖。花雌雄异株；雄花序为柔荑花序，粗壮苞片披针形，被毛，花被 4 裂，裂片三角状卵形，被毛，雄蕊 4，花药近球形，退化雌蕊小；雌花序球形，苞片棍棒状，顶端被毛，花被管状，顶端与花柱紧贴，子房卵圆形，柱头线形，被毛。聚花果成熟时橙红色，肉质；瘦果具与之等长的柄，表面有小瘤，龙骨双层，外果皮壳质。花期4～5月，果期6～7月。

【生长习性】

强阳性树种，适应性特强，抗逆性强。根系浅，侧根分布很广，生长快，萌芽力和分蘖力强，耐修剪。抗污染性强。

分布地点：产我国南北各地。印度、缅甸、泰国、越南、马来西亚、日本、朝鲜也有，野生或栽培。

【食用部位及食用方法】花、根及皮。把构树花洗净，控净水分；撒上适量（以自己喜好为准，可多可少）的干面粉，拌均匀，让构树花都裹上面粉；放到蒸锅的笼屉上面蒸，水开后蒸5min即可。

【栽培技术】

繁殖方法：①种子繁殖。采用条播方法，行距25cm，播种量0.15kg/亩左右，播种时，将种子和细沙混合均匀后撒入条沟内，覆土以不见种子为度，播后盖草以防鸟害和保湿。当30%～40%幼苗出土时，应在下午分批揭除盖草。②扦插繁殖。选择优良母株上1年生健壮枝条进行扦插。扦插时间以2月底至3月上旬为宜。圃地以选择砂质壤土为好，插前可用高锰酸钾稀释液喷洒床面，淋透土层进行消毒。扦插后要加强保墒，及时进行松土除草和水肥管理。③根蘖繁殖。方法是在母树根部周围选择1～1.5cm粗以上的构树根，距基部40～50cm处截断，但不要把根条取出，而是将根条原地不动地埋入土中踩实，将上部留出地面1～2cm用枝剪剪平即可。根条长者可以分段进行，一般以35～40cm为1段，最好是每段保留1～2条小细根与土壤连接。加强抚育管理，当年可萌发3～6个头，最高可达2m以上。

土壤选择：应选择深厚、肥沃、通气良好的土壤。最好能背风向阳。

苗期管理：当幼苗出齐后，要用细土及时进行培根护苗，并注意保持苗床湿润，适时松土除草。进入适生期可追施薄肥2～3次，并及时对过密过稀的苗床进行间苗和补苗工作，保持苗木均匀分布。

【价值】可用作荒滩、偏僻地带及污染严重的工厂的绿化树种，也可用作行道树。构树茎韧皮纤维长，洁白，为优质造纸原料。构树叶蛋白质含量高达 20% ~30% ，氨基酸、维生素、碳水化合物及微量元素等营养成分也十分丰富，经科学加工后可用于生产全价畜禽饲料。种子油还可制肥皂、油漆和润滑油等。构树以乳液、根皮、树皮、叶及种子入药，其中种子入药可补肾、明目、强筋骨。用构树叶汁制的农药，可以防治像棉蚜虫、星瓢虫幼虫和豆蚜，叶汁煮液也可抑制霜霉病，这在农业生产上具有深远意义。

19. 锦鸡儿

【学名】*Caragana sinica*（Buc'hoz）Rehd.

【别名】金雀花、黄土豆、粘粘袜、酱瓣子、黄棘、土黄芪。

【科属】蝶形花科 Papilionaceae 锦鸡儿属 *Caragana*。

【识别特征】灌木，高 1 ~2m。树皮深褐色；小枝有棱，无毛。托叶三角形，硬化成针刺；叶轴脱落或硬化成针刺；小叶 2 对，羽状，有时假掌状，上部 1 对常较下部的为大，厚革质或硬纸质，倒卵形或长圆状倒卵形，先端圆形或微缺，具刺尖或无刺尖，基部楔形或宽楔形，上面深绿色，下面淡绿色。花单生，花梗长约 1cm，中部有关节；花萼钟状，基部偏斜；花冠黄色，常带红色，旗瓣狭倒卵形，具短瓣柄，翼瓣稍长于旗瓣，瓣柄与瓣片近等长，耳短小，龙骨瓣宽钝；子房无毛。荚果圆筒状。花期 4 ~5 月，果期 7 月。

【生长习性】

气候条件：喜光、常生于向阳处。

土壤条件：抗旱、耐瘠，能在山石缝隙处生长，忌湿涝，萌芽力萌蘖力均强。

分布地点：产河北、陕西、江苏、江西、浙江、福建、河南、湖北、湖南、广西北部、四川、贵州、云南等地。生于山坡和灌丛。

【食用部位及食用方法】花、根。花可做汤、炒食，也可作佐料，与鸡蛋做成金雀花蒸蛋。根洗净切片，晒干入药。

【栽培技术】

繁殖方法：扦插繁殖。每年 4~5 月进行扦插，选取健壮、无病害、开花多的 1 年或 2 年生枝条，剪成 10~15cm，每个插穗至少有 3~5 个芽，剪去下枝刺保留插穗上端叶片，在底节 0.5cm 处斜切。育苗株行距 10cm×5cm。盖膜遮阴保持苗床湿度 50% 左右，控制温度 20~29℃，空气湿度 85% 以上，早晚通风换气 20min。

土壤选择：苗床选背风向阳、地势高、土质肥沃，排灌方便的砂壤土。

植株管理：苗高 30~40 cm 时移栽，锦鸡儿在平地及坡地均可种植，带状整地、块状挖穴。移植成活后，苗期管理见干见湿，每年夏秋中耕除草 2~3 次。在冬季和初春，清除病枝、枯枝、内膛枝、细弱枝、徒长枝，减少养分和水分的消耗，使枝叶量合理。

肥水管理：锦鸡儿春季萌发后和 4~5 月采花后，都应追施复合肥，每株 10g；开花盛期为保花保果应喷施叶面肥，可用 1%~2% 活性硼肥、0.3% 尿素、0.2% 磷酸二氢钾的混合液，每隔 10~15 天喷 1 次，连喷 2 次；冬季每亩施有机肥 2000kg，过磷酸钙 45kg，硫酸钾 15kg，有机肥和化肥混合拌匀，结合中耕松土，在距植株根部两旁 20~25cm 处开沟施入，覆土盖肥，培高土 5cm。锦鸡儿自身能固氮，应少施氮肥，增施磷、钾肥，促进花芽形成，增加花量。

【价值】可做绿篱盆景。根有滋补强壮、活血调经、祛风利湿的作用，可治高血压病、头昏头晕、耳鸣眼花、体弱乏力、月经不调、白带异常、乳汁不足、风湿关节痛、跌打损伤。花有祛风活血、止咳化痰的作用，可治头晕耳鸣、肺虚咳嗽。

20. 珍珠花

【学名】_Lyonia ovalifolia_（Wall.）Drude

【别名】长尾叶越橘。

【科属】杜鹃花科 Ericaceae 珍珠花属 _Lyonia_。

【识别特征】常绿或落叶灌木或小乔木，高 8~16m；枝淡灰褐色，无毛；冬芽长卵圆形，淡红色，无毛。叶革质，卵形或椭圆形，先端渐尖，基部钝圆或心形，表面深绿色，无毛，背面淡绿色，近于无毛，中脉在表面下陷，在背面凸起，侧脉羽状，在表面明显，脉上多少被毛；叶柄无毛。总状花序着生叶腋，近基部有 2 ~ 3 枚叶状苞片，小苞片早落；花序轴上微被柔毛；花梗近于无毛；花萼深 5 裂，裂片长椭圆形，外面近于无毛；花冠圆筒状，外面疏被柔毛，上部浅 5 裂，裂片向外反折，先端钝圆；雄蕊 10 枚，花丝线形，顶端有 2 枚芒状附属物，中下部疏被白色长柔毛；子房近球形，无毛，花柱柱头头状，略伸出花冠外。蒴果球形，缝线增厚；种子短线形，无翅。花期、果期 7 ~ 9 月。

【生长习性】

气候条件：耐荫蔽，怕水涝，忌强光直射。

土壤条件：喜欢生长在疏松、通气性良好的砂壤或壤土中，通气性差、排水不良、易板结的黏土上生长较差。

分布地点：产台湾、福建、湖南、广东、广西、四川、贵州、云南、西藏等地。生于海拔 700 ~ 2800m 的林中。巴基斯坦、尼泊尔、印度、不丹、印度(北部)、泰国、马来半岛也有。

【食用部位及食用方法】花、叶。"珍珠花"拌豆腐：先把珍珠花与炒鸡蛋一样，切成末，把豆腐放在盆里切成小块，再把切好的珍珠花末洒在豆腐上，放点酱油、味精、香油一拌，黑白分明，一盆漂亮的雪飘清香的拌豆腐，夏天最为美味；"珍珠花"凉拌：开水里捞出来，不要挤干水，把它沥干，略带些水分，加点酱油、少量糖吊鲜味，加点香油一拌，一盆美味清香的凉拌珍珠花菜别有风味，夹馒头，当菜都是好选。

【栽培技术】

繁殖方法：种子繁殖。温床催芽的种子有 40% 露白时，在圃地内选择阳光良好的砂壤土，做宽 1m、长 10m、高 20cm 的苗床，床面用 0.1% 浓度的新洁尔灭消毒，然后将种子混一倍湿沙，均匀地撒在床面上(一般每平方米 2000 粒种子为宜)，上面均匀覆盖细沙 2 ~ 3cm，洒足清水，搭塑料小拱棚，棚高 70 ~ 80cm，棚内保持 80% 左右的湿度为宜，温度 15° 以上。随着气温升高，如超过 35℃ 时立即喷水通风散热，以免灼伤幼苗。

土壤要求：土质疏松、肥沃、排水良好的土壤，以山谷为佳。

植株管理：幼苗期要做好中耕除草、施肥、浇水等管理。苗圃地不宜积水，土壤长期过湿，苗木易得根腐病，浇水应选择喷灌，忌大水漫灌，大水漫灌后苗木会大量死亡。由于珍珠花是喜阴性植物，要进行适当的遮阳保苗，促进苗木健壮生长。

肥水管理：定根水要浇透。每次修剪和采花之后，要追施一次有机肥，忌施化肥。

【价值】其花用于治疗干咳、妇女产后瘀血不净等。新鲜叶含省沽油素，水煎冲服或炒食可润肺、清肺热；果实水煎服治干咳；鲜根、枝加红花、茜草后冲红糖、黄酒治妇女产后瘀血不净；花、叶、果、根及枝均有抗菌、消炎、清热、防癌等作用。

21. 木芙蓉

【学名】*Hibiscus mutabilis* Linn.

【别名】芙蓉花、拒霜花、木莲、地芙蓉、华木。

【科属】锦葵科 Malvaceae 木槿属 *Hibiscus*。

【识别特征】落叶灌木或小乔木，高 2 ~ 5m；小枝、叶柄、花梗和花萼均密被星状毛与直毛相混的细绵毛。叶宽卵形至圆卵形或心形，裂片三角形，先端渐尖，具钝圆锯齿，上面疏被星状细毛和点，下面密被星状细绒毛；主脉 7 ~ 11 条；托叶披针形，常早落。花单生于枝端叶腋间，花梗近端具节；小苞片密被星状绵毛，基部合生；萼钟形，裂片 5，卵形，渐尖头；花初开时白色或淡红色，后变深红色，花瓣近圆形，外面被毛，基部具髯毛；雄蕊柱无毛；花柱枝 5，疏被毛。蒴果扁球形，被淡黄色刚毛和绵毛，果爿 5；种子肾形，背面被长柔毛。花期 8 ~ 10 月。

【生长习性】

气候条件：喜温暖湿润和阳光充足的环境，稍耐半阴，有一定的耐寒性。

土壤条件：肥沃、湿润、排水良好的砂质土壤。

分布地点：我国辽宁、河北、山东、陕西、安徽、江苏、浙江、江西、福建、台湾、广东、广西、湖南、湖北、四川、贵州和云南等地栽培，系我国湖南原产。日本和东南亚各国也有栽培。

【食用部位及食用方法】花、叶、根。花、叶、根都可以作为药用，花还可泡茶，也可煮粥。

【栽培技术】

繁殖方法：①扦插繁殖。扦插以 2~3 月为好。选择湿润砂壤土或洁净的河沙，以长度 10~15cm、1~2 年生健壮枝条为插穗。插前将插穗底部在浓度为 3~4g/L 的高锰酸钾溶液中浸泡 15~30min。扦插的深度以穗长的 2/3 为好。插后浇水覆膜以保温及保持土壤湿润，约 1 个月后即能生根，来年即可开花。②分株繁殖。早春萌芽前进行，挖取分蘖旺盛的母株分割后另行栽植即可。③种子繁殖。于秋后收取充分成熟的木芙蓉种子，在阴凉通风处贮藏至翌年春季进行播种。木芙蓉的种子细小，可与细沙混合后进行撒播。

土壤要求：木芙蓉较耐水湿，以土层深厚、排水良好、阳光充足的地方最好。

植株管理：木芙蓉栽植要施足基肥，栽植时每穴 1 株，穴径以苗木根系在穴中舒展为度。栽时施足基肥，扶正苗木，用熟土覆盖苗根，使根系舒展，填土满穴，浇定根水，隔 3 天再浇 1 次，并常保持土壤湿润，及时中耕除草。

肥水管理：栽植前施足基肥，栽后 2~3 年内不需再追肥。2~3 年后可在每年冬季培土时，覆盖一层腐熟有机肥，以提高土壤肥力，保证枝叶繁茂、开花不断，夏季干旱时多浇水。

【价值】木芙蓉花期长，开花旺盛，品种多，其花色、花型随品种不同有丰富变化，是一种很好的观花树种。花、叶供药用，有清肺、凉血、散热和解毒之功效。

22. 红花羊蹄甲

【**学名**】*Bauhinia blakeana* Dunn

【**别名**】红花紫荆。

【**科属**】苏木科 Caesalpiniaceae 羊蹄甲属 *Bauhinia*。

【**识别特征**】乔木；分枝多，小枝细长，被毛。叶革质，近圆形或阔心形，基部心形，有时近截平，先端 2 裂约为叶全长的 1/4 ~ 1/3，裂片顶钝或狭圆，上面无毛，下面疏被短柔毛；基出脉 11 ~ 13 条；叶柄被褐色短柔毛。总状花序顶生或腋生，有时复合成圆锥花序，被短柔毛；苞片和小苞片三角形，长约 3mm；花大，美丽；花蕾纺锤形；萼佛焰状，有淡红色和绿色线条；花瓣红紫色，具短柄，倒披针形，近轴的 1 片中间至基部呈深紫红色；能育雄蕊 5 枚，其中 3 枚较长；退化雄蕊 2 ~ 5 枚，丝状，极细；子房具长柄，被短柔毛。花期全年，3 ~ 4 月为盛花期。通常不结果。

【**生长习性**】

气候条件：喜温暖和阳光，耐阴。

分布地点：在广东、福建、广西、云南和台湾等地区广为种植。

【**食用部位及食用方法**】嫩花、嫩叶。嫩花、嫩叶漂洗后，煎炒即食。

【**栽培技术**】

繁殖方法：扦插繁殖。早春的四月初花期后进行。选取一二年生健壮无病的枝条，剪成每节 20cm 左右的插条进行扦插，基质以砂或含砂量较多的砂壤土为佳。扦插后插床上可盖上稻草或半透明塑料薄膜，以改善插床的小环境，保持一定的温湿度。大约 1 个月后插条即可萌芽、生根。在 6 月初分床，移于苗圃地进行培育。在育苗中应注意绑扎、修枝以培养良好的于形，经 1 ~ 2 年后即可出圃。嫁接繁殖：嫁接时期多选择在每年的春季 4 ~ 5 月，或 8 ~ 9 月苗木未抽新芽前较为适宜。在芽接前一年应对母树进行截干，以萌发新的较为强壮的枝条作为接穗材料。接穗应选择生长良好的一年生已木栓化、较圆滑强壮、径粗约 1~1.5cm、具有饱满腋芽的枝条。

　　土壤选择：选择比较肥沃、通气、排水良好的土壤。

　　【价值】树冠美观，花大且多，色艳，芳香，是华南地区园林主要观花树种之一，宜作为园景树、庭荫树或行道树，亦可用于海边绿化。树皮含单宁可作鞣料和染料；树皮、花、根入药；木材坚硬，适于精木工及工艺品。

—

五、果　篇

1. 八　角

【学名】*Illicium verum*

【别名】八角大茴、大茴香。

【科属】八角茴香科 Illiciaceae 八角属 *Illicium*。

【识别特征】乔木，高10～15m；树冠塔形、椭圆形或圆锥形；树皮深灰色；枝密集。叶不整齐互生，在顶端3～6片近轮生或松散簇生，革质、厚革质，倒卵状椭圆形、倒披针形或椭圆形，先端骤尖或短渐尖，基部渐狭或楔形；在阳光下可见密布透明油点；中脉在叶上面稍凹下，在下面隆起。花粉红至深红色，单生叶腋或近顶生；花被片7～12片，常10～11，常具不明显的半透明腺点，最大的花被片宽椭圆形到宽卵圆形；雄蕊11～20枚，多为13、14枚，药隔截形，药室稍为突起；心皮通常8，有时7或9，很少11，花柱钻形，长度比子房长。聚合果，饱满平直，蓇葖多为8，呈八角形，先端钝或钝尖。正糙果3～5月开花，9～10月果熟，春糙果8～10月开花，翌年3～4月果熟。

【生长习性】

气候条件：南亚热带气候，喜冬暖夏凉的山地气候。

土壤条件：在土层深厚、排水良好、肥沃湿润、偏酸性的砂质壤土或壤土上生长良好；在干燥瘠薄或低洼积水地段生长不良。

分布地点：主产于广西西部和南部（百色、南宁、钦州、梧州、玉林等地区多有栽培），海拔200～700m，而天然分布海拔可到

1600m。桂林雁山(约北纬 25°11′)和江西上饶陡水镇(北纬 25°50′)都已引种，并正常开花结果。福建南部、广东西部、云南东南部和南部也有种植。

【食用部位及食用方法】果。八角在烹饪中应用广泛，主要用于煮、炸、卤、酱及烧等烹调加工中，常在制作牛肉、兔肉的菜肴中加入，可除腥膻等异味，增添芳香气味，并可调剂口味；炖肉时，肉下锅就放入八角，它的香味可充分水解溶入肉内，使肉味更加醇香；做上汤白菜时，可在白菜中加入盐、八角同煮，最后放些香油，这样做出的菜有浓郁的荤菜味；在腌鸡蛋、鸭蛋、香椿、香菜时，放入八角则会别具风味。

【栽培技术】

繁殖方法：种子繁殖。在播种沟内均匀播种，每公顷播种量为90~112.5kg。播种后，用烧过的草皮拌上细土覆盖，厚约3cm，再盖稻草或茅草，随后淋水。一般播后12~15天种子发芽出土，逐步揭去盖草，随即搭盖荫棚。

土壤选择：选择环境阴湿，表土疏松肥厚、排水良好的地方为苗圃。

植株管理：幼苗期要进行淋水、除草、松土、施肥等工作。追肥用人粪尿、化肥或饼肥。第1次追肥在苗高3~4cm时为宜，在6~7cm时，施追肥1次。荫棚要等到11月才能拆除。次年2月苗高40~60cm时，在未萌动前可以出圃定植。挖苗时，要尽量保护根系，起苗后，要立即分级浆根，当日起苗当日栽完。

肥水管理：播种前，每公顷施土杂肥7.5~15t，过磷酸钙50~75kg，人畜肥15~45t。定植后肥料应以有机肥为主，化肥为辅，幼树施肥一般在每年的2~3月和11~12月进行，以氮、磷、钾肥为主，其中以 N∶P∶K = 2∶1∶1 为宜。

【价值】八角干果是深受广大消费者欢迎的调味香料，被称为饮食行业中的大料，由于八角籽含有30%~35%的脂肪，可以加工获得高级食用油；八角果实和枝叶都是提取茴油的主要原料，种子中含有茴油1.7%~2.7%，干果和干叶的茴油含量分别为12%~13%、1.6%~

1.8%，由于茴油是一种具有强烈刺激性、透明、无色芳香油，其用途非常广泛，在化学工业上可以作为各种纯天然化妆品香料、调制茴香酒、啤酒、香皂、牙膏、牙粉等原料；在医学工业上用茴油来调制驱风剂、健肾剂、催乳剂等；新鲜的叶片和果实还具有止血收敛功能；八角果实为重要的中药材，有温中开胃、祛寒暖胃疗效。

2. 橄　榄

【学名】*Canarium album*（Lour.）Raeusch.

【别名】黄榄、青果、山榄、白榄、青子、忠果。

【科属】橄榄科 Burseraceae 橄榄属 *Canarium*。

【识别特征】乔木，高 10～25（35）m，胸径可达 150cm。幼部被黄棕色绒毛，很快变无毛；髓部周围有柱状维管束，稀在中央亦有若干维管束。有托叶，仅芽时存在，着生于近叶柄基部的枝干上。小叶 3～6 对，纸质至革质，披针形或椭圆形（至卵形），无毛或在背面叶脉上散生刚毛，背面有极细小疣状突起；先端渐尖至骤狭渐尖，尖头长约 2cm，钝；基部楔形至圆形，偏斜，全缘；侧脉 12～16 对，中脉发达。花序腋生，微被绒毛至无毛；雄花序为聚伞圆锥花序，多花；雌花序为总状，具花 12 朵以下。花疏被绒毛至无毛，在雄花上具 3 浅齿，在雌花上近截平；雄蕊 6，无毛，花丝合生 1/2 以上（在雌花中几全长合生）；花盘在雄花中球形至圆柱形，微 6 裂，中央有穴或无，上部有少许刚毛；在雌花中环状，略具 3 波状齿，高 1mm，厚肉质，内面有疏柔毛。雌蕊密被短柔毛；在雄花中细小或缺。具 1～6 果。果萼扁平，萼齿外弯。果卵圆形至纺锤形，横切面近圆形，无毛，成熟时黄绿色；外果皮厚，干时有皱纹；果核渐尖，横切面圆形至六角形，在钝的肋角和核盖之间有浅沟槽，核盖有稍凸起的中肋，外面浅波状。种子 1～2，不育室稍退化。花期 4～5 月，果 10～12 月成熟。

【生长习性】

土壤条件：只要立地条件适宜，不论是丘陵山地或是平地坡地均可种植。

分布地点：产福建、台湾、广东、广西、云南等地，野生于海拔1300m以下的沟谷和山坡杂木林中，或栽培于庭园、村旁。分布于越南北部至中部。日本（长崎、冲绳）及马来半岛有栽培。

【食用部位及食用方法】果。成熟的果可以直接吃；也可作佐料，如炖排骨；橄榄还可以和甘草、白糖制成凉果；还可把青橄榄压扁，加酱油、辣椒等生吃；亦可以炼油。

【栽培技术】

繁殖方法：种子繁殖。种子经过处理后，翌年2～3月份播种，均匀撒播种子300～400粒/m²后，用木板把种子压入土中，上盖2～3cm细土，覆盖稻草，做好保温保湿工作。

土壤要求：园地以土层深厚疏松，含有丰富有机质土壤或砂壤土最佳。

苗期管理：播后40～50天幼苗出土，一般以勤施腐熟人畜粪为主，保持苗床适宜温、湿度及注意病虫害防治。

肥水管理：种植2～3个月可开始施薄肥。以后每年春秋各施肥一次，每次每株施入粪尿10～20kg，并可适当加施化肥。

【价值】药用价值：降血糖，叶喂饲动物有微弱的雌激素样作用。叶的挥发油在体外有抗菌作用。

3. 豆 梨

【学名】*Pyrus calleryana*

【别名】棠梨。

【科属】蔷薇科 Rosaceae 梨属 *Pyrus*。

【识别特征】乔木，高5～8m；小枝粗壮，圆柱形，在幼嫩时有绒毛，不久脱落，二年生枝条灰褐色；冬芽三角卵形，先端短渐尖，微具绒毛。叶片宽卵形至卵形，稀长椭卵形，先端渐尖，稀短尖，基部圆形至宽楔形，边缘有钝锯齿，两面无毛；叶柄无毛；托叶叶质，线状披针形，无毛。伞形总状花序，具花6～12朵，总花梗和花梗均无毛；苞片膜质，线状披针形，内面具绒毛；萼筒无毛；萼片披针形，先端渐尖，全缘，外面无毛，内面具绒毛，边缘较密；花瓣卵形，基部具短爪，白色；梨果球形，黑褐色，有斑点，萼片脱落，有细长果梗。花期 4 月，果期 8~9 月。

【生长习性】

土壤条件：适应能力较强，对生长条件要求不高。

分布地点：产山东、河南、江苏、浙江、江西、安徽、湖北、湖南、福建、广东、广西等地。适生于温暖潮湿气候，海拔 80~1800m 的山坡、平原或山谷杂木林中。越南北部有分布。

【食用部位及食用方法】花、梨果。花用沸水煮后，清水漂洗，然后炒食，也可配菜。梨果去皮后生食，或者作为配菜作料。

【栽培技术】

繁殖方法：播种繁殖。把淘洗出的湿种子与干沙混合后，均匀撒在苗床沙面上，然后盖草浇水，喷多菌灵，最后盖薄膜。

肥水管理：待小苗有 2 片真叶后，每两周浇一次清粪水 + 尿素 600 倍液。次年 3 月进行小苗移栽，按照 10cm×3cm 株行距移栽到大田。

【价值】通常用作沙梨砧木。木材致密坚硬，供制作粗细家具及雕刻图章用。根、叶、果实均可入药，有健胃、消食、止痢、止咳作用；叶和花对闹羊花、藜芦有解毒作用。

4. 葛枣猕猴桃

【学名】*Actinidia polygama* Maxim.

【别名】天木蓼。

【科属】猕猴桃科 Actinidiaceae 猕猴桃属 *Actinidia*。

【识别特征】大型落叶藤本；着花小枝细长，一般 20cm 以上，基本无毛，最多幼枝顶部略被微柔毛，皮孔不很显著；髓白色，实心。叶膜质（花期）至薄纸质，卵形或椭圆卵形，顶端急渐尖至渐尖，基部圆形或阔楔形，边缘有细锯齿，腹面绿色，散生少数小刺毛，有时前端部变为白色或淡黄色，背面浅绿色，沿中脉和侧脉多少有一些卷曲的微柔毛，有时中脉上着生少数小刺毛，叶脉比较发达，在背面呈圆线形，侧脉约 7 对，其上段常分叉，横脉颇显著，网状小脉不明显；叶柄近无毛，。花序 1~3 花，均薄被微绒毛；苞片小，长约 1mm；花白色，芳香；萼片 5 片，卵形至长方卵形，两面薄被微茸毛或近无毛；花瓣 5 片，倒卵形至长方倒卵形，最外 2~3 枚的背面有时略被微茸毛；花丝线形，花药黄色，卵形箭头状；子房瓶状，洁净无毛。果成熟时淡橘色，卵珠形或柱状卵珠形，无毛，无斑点，顶端有喙，基部有宿存萼片。花期 6 月中旬至 7 月上旬，果熟期 9~10 月。

【生长习性】

气候条件：喜温暖，平均气温 11.3~17.9℃，对水分适应范围较广，年降水量 450mm 以上的地方均能生长。

土壤条件：生长土壤一般为微酸性至中性，pH 值 5.5~7 为宜，喜土层深厚、疏松肥沃和排水良好的壤土。

分布地点：产黑龙江、吉林、辽宁、甘肃、陕西、河北、河南、山东、湖北、湖南、四川、云南、贵州等地。生于海拔 500（东北）~1900m（四川）的山林中。俄罗斯远东地区、朝鲜和日本有分布。

【食用部位及食用方法】果实、嫩叶。剥皮生食或作为配料果蔬，也可加工制果汁饮料。嫩叶可以炒食。

【栽培技术】

繁殖方法：种子繁殖。一般在 5 月 10 日左右播种，播种采用条播，播幅 5cm，间隔 6cm，播种时连同混沙一起播入，播种量 $2g/m^2$，播后覆盖混合土（泥炭土和细床土各 50%），厚度 0.3~0.5cm，镇压，为避免浇水将种子冲出，并保持床面湿润，床面上可撒铺 1cm 落叶松针，用喷壶喷水。

植株管理：育苗成功后要及时进行移栽，以免影响其进一步生长。建园应选择具有防冻、防风条件的地段。秋栽或春栽均可。定植的株行距应根据架式而定。

肥水管理：施肥应抓住秋施基肥与早春发芽前的追肥两个时期。基肥以有机肥为主，2~7 年生植株每年每株施厩肥 50~100kg，同时每株施入 0.25kg 左右的磷肥。早春追肥以氮、磷、钾肥等为主。生长后期应注意适当控制肥水，促其枝蔓生长，有利于越冬。雨量充沛的地区，一般可以不灌水，但春旱和秋冬缺水的季节应及时灌水，尤其 4~6 月份。同时要注意雨季排水。

【价值】果实除作水果利用之外，虫瘿可入药，治疝气及腰痛；从果实中提取新药 Polygamol 为强心利尿的注射药。

5. 中华猕猴桃

【学名】*Actinidia chinensis* Planch.

【别名】猕猴桃、阳桃。

【科属】猕猴桃科 Actinidiaceae 猕猴桃属 *Actinidia*。

【识别特征】大型落叶藤本；幼枝或厚或薄地被有灰白色茸毛或褐色长硬毛或铁锈色硬毛状刺毛，老时秃净或留有断损残毛；隔年枝完全秃净无毛，皮孔长圆形，比较显著或不甚显著；髓白色至淡褐色，片层状。叶纸质，倒阔卵形至倒卵形或阔卵形至近圆形，顶端截平形并中间凹入或具突尖、急尖至短渐尖，基部钝圆形、截平形至浅心形，边缘具脉出的直伸的睫状小齿，腹面深绿色，无毛或中脉和侧脉上有少量软毛或散被短糙毛，背面苍绿色，密被灰白色或淡褐色星状绒毛，侧脉 5~8 对，常在中部以上分歧成叉状，横脉比较发达，易见，网状小脉不易见；被灰白色茸毛或黄褐色长硬毛或铁锈色硬毛状刺毛。聚伞花序 1~3 花；苞片小，卵形或钻形，长约 1mm，均被灰白色丝状绒毛或黄褐色茸毛；花初放时白色，放后变淡黄色，有香气；萼片 3~7 片，通常 5 片，阔卵形至卵状长圆形，两面密被压紧的黄褐色绒毛；花瓣 5 片，有时少至 3~4 片或多至 6~7 片，阔倒卵形，有短距；雄蕊极多，花丝狭条形，花药黄色，长圆形，基部叉开或不叉开；子房球形，密被金黄色的压紧交织绒毛或不压紧不交织的刷毛状糙毛，花柱狭条形。果黄褐色，近球形、圆柱形、倒卵形或椭圆形，被茸毛、长硬毛或刺毛状长硬毛，成熟时秃净或不秃净，具小而多的淡褐色斑点；宿存萼片反折。

【生长习性】

气候条件：喜温暖湿润、阳光充足、潮湿而不渍水的山地，不耐旱，也不耐涝。

分布地点：我国是猕猴桃的原产地，广阔的山区分布着极为丰富的猕猴桃资源。除青海、新疆、内蒙古等少数几个省份外，全国几乎都有猕猴桃植物资源分布。

【食用部位及食用方法】果实。削皮后生食，注意放熟后再食用，因为未完全成熟的果实含有单宁物质。且可和椰奶制成沙冰、酸奶、西米露等饮料。

【栽培技术】

繁殖方法：扦插繁殖。扦插可用硬枝扦插或绿枝扦插。插条一般留 3~4 节，绿枝扦插需保留 1~2 片叶。基部剪口靠近节下，上部剪口离芽 3cm 以上。扦插株行距 10cm×20cm，深度为插条长度的 2/3。插后注意遮阴，保持土壤湿度。

土壤要求：选择土壤深厚、湿润、疏松、排水良好、有机质含量高、pH 值在 5.5~6.5 微酸性砂质壤土。最好在背风向阳的地方。

肥水管理：采果后及时施用以有机肥为主的基肥；萌芽前追施速效氮肥；5~7 月间追施速效氮肥和钾肥。三次施肥分别占全年总施肥量的 40%、25% 和 35%。施肥的氮、磷、钾适宜比例为 10:8:10 或 10:6:8，一般株产 40kg 时，每年每株施尿素 650g、磷肥 835g、钾肥 2070g。猕猴桃为忌氯作物，易受氯化物肥料危害。

【价值】猕猴桃的根、茎、叶、花、果均可入药，对一些常见的重要疾病有一定的疗效。猕猴桃汁是阻断致癌物质亚硝基吗啉的最有效的阻断剂，其阻断率可达 98.5%。果实可以作为消化不良、心血管病、肝炎和烧伤的辅助治疗药物。根能医治关节炎、肝炎和消化系统肿瘤，特别是对麻风病有较好疗效。叶具有清热利尿、散瘀止血的功效，种子有利通便、排石和疏通血管的作用。猕猴桃全身是宝，藤蔓中含有大量优质的植物胶和纤维素，可以制成高级纸，植物胶可以作为造纸调浆和工程建筑的原料。叶是优质的青饲料。种子可以榨油。花可提取芳香油或天然香料。根经过煎煮可制成农药。

6. 女 贞

【学名】*Ligustrum lucidum* Ait.

【别名】白蜡树、冬青、蜡树、桢木、将军树。

【科属】木犀科 Oleaceae 女贞属 *Ligustrum*。

【识别特征】灌木或乔木，高可达 25m；树皮灰褐色。枝黄褐色、灰色或紫红色，圆柱形，疏生圆形或长圆形皮孔。叶片常绿，革质，卵形、长卵形或椭圆形至宽椭圆形，先端锐尖至渐尖或钝，基部圆形或近圆形，有时宽楔形或渐狭，叶缘平坦，上面光亮，两面无毛，中脉在上面凹入，下面凸起，侧脉 4~9 对，两面稍凸起或有时不明显；上面具沟，无毛。圆锥花序顶生；花序轴及分枝轴无毛，紫色或黄棕色，果时具棱；花序基部苞片常与叶同型，小苞片披针形或线形，凋落；花无梗或近无梗；花萼无毛，齿不明显或近截形；花药长圆形；柱头棒状。果肾形或近肾形，深蓝黑色，成熟时呈红黑色，被白粉。花期 5~7 月，果期 7 月至翌年 5 月。

【生长习性】

气候条件：喜温暖湿润气候，喜光耐阴，耐水湿，耐 -12℃ 的低温，不耐瘠薄。适宜在湿润、背风、向阳的地方栽种。

土壤条件：以深厚、肥沃、腐殖质含量高的砂质壤土或粘质壤土栽培为宜，在红、黄壤土中也能生长。圃地应靠近水源。

分布地点：产于长江以南至华南、西南各省份，向西北分布至陕西、甘肃。生于海拔 2900m 以下的疏、密林中。朝鲜也有分布，印度、尼泊尔有栽培。

【食用部位及食用方法】干燥成熟果实。做汤，浸酒，或制作女贞子炖猪肉、女贞子桑葚糕、女贞子粥等，也可和茶叶、枣等泡茶饮用。

【栽培技术】

繁殖方法：种子繁殖。播种时宜条播，行距 15~20cm，每亩用种量 15~20 kg，覆土厚度 1~1.5cm。播种后覆盖 1 层稻草或茅草，以保持土壤湿润。

植株管理：当种子萌动后，有约 30% 的子叶出土时即可揭去盖草。当苗高达到 5cm 时，可视播种密度间苗，使苗间距保留在 2 ~ 3cm，同时拔除杂草。当年苗高可达 40 ~ 60cm，如作绿篱不需移植，可再培育 1 年，于第 3 年春季出圃。其余苗木均应于翌年春季移植成株行距 20cm×20cm 的密度，以培育大苗。如作行道树培育，还要进行 2 次或 3 次移植，加大株行距，培育 4 ~ 5 年后，胸径至 5cm 以上时出圃。

肥水管理：女贞适应性强，耐干瘠，通常不需特殊的水肥管理，但花果用林和放养白蜡虫林在干旱时应及时浇灌，秋冬季垦复后可追施一定的农家肥。

【价值】女贞有很高的的园林观赏价值、医药价值。叶子蒸馏可提取冬青油，是牙膏的重要添加剂。

7. 腰　果

【学名】*Anacardium occidentale* L.

【别名】鸡腰果、介寿果、槚如树。

【科属】漆树科 Anacardiaceae 腰果属 *Anacardium*。

【识别特征】灌木或小乔木，高 4 ~ 10m；小枝黄褐色，无毛或近无毛。叶革质，倒卵形，先端圆形，平截或微凹，基部阔楔形，全缘，两面无毛，侧脉约 12 对，侧脉和网脉两面突起。圆锥花序宽大，多分枝，排成伞房状，多花密集，密被锈色微柔毛；苞片卵状披针形，背面被锈色微柔毛；花黄色，杂性，无花梗或具短梗；花萼外面密被锈色微柔毛，裂片卵状披针形，先端急尖；花瓣线状披针形，外面被锈色微柔毛，里面疏被毛或近无毛，开花时外卷；雄蕊 7 ~ 10，通常仅 1 个发育。不育雄蕊较短，花丝基部多少合生，花药小，卵圆形；子房倒卵圆形，无毛，花柱钻形。核果肾形，两侧压扁，果基部为肉质梨形或陀螺形的假果所托，成熟时紫红色；种子肾形。

【生长习性】

气候条件：喜光，要求高温光、照充足的环境，年均温 24 ~ 28℃，年日照 2000h 以上，年降水量 1000 ~ 1600mm 较宜。

土壤条件：土层深厚、排水良好的中性或微酸性土最宜，但根系生长喜通气良好土壤，排水不良的低洼地、沼地、碱性土壤及含盐分过高的土壤均不宜种植，其他各类热带土壤均可栽种。

分布地点：原产热带美洲，现全球热带广为栽培。我国云南、广西、广东、福建、台湾均有引种，适于低海拔的干热地区栽培。

【食用部位及食用方法】假果。先油炸腰果至熟为止。可做为菜肴作料食用也可炸熟后直接食用，还可做成糕点，如花生腰果小酥饼。

【栽培技术】

繁殖方法：种子繁殖。腰果种子播种最好选在夏季，一般在 6 ~ 8 月播种最为适宜，种子发芽生长快，9 月后播种要注意防寒，进入 10 月以后由于气温逐渐降低，不利幼苗生长，不适于播种。

植株管理：腰果树应保持根圈无杂草，一般每年除草 3 ~ 4 次。降温前要盖草，在出现缺苗时要及时补播、补植，最好在雨季进行，通常在定植后 1 ~ 2 天内补植完毕。幼龄树轻剪为主，成龄树则应剪除交叉枝、内膛枝、弱枝等，以增强生长势、改善树体通风透光条件、增加结果面积。

肥水管理：一般在播种前结合深耕施腐熟堆肥 1 ~ 2kg，混合过磷酸钙 1 ~ 2kg 作基肥。1 ~ 2 龄树每年每株施尿素、过磷酸钙 0.2 ~ 0.5kg 可产生极显著的施肥效果，氮磷配合有利于腰果树冠的形成；3 ~ 5 龄施尿素 0.5 ~ 1kg；6 龄以上施尿素 1 ~ 2kg，此后每年每株加施过磷酸钙 1kg，有机肥 10 ~ 15kg。

【价值】假果可生食或制果汁、果酱、蜜饯、罐头和酿酒。种子炒食，味如花生，可甜制或咸制，亦可加工糕点或糖果。种子含油量较高，为上等食用油，多用于硬化巧克力糖的原料。果壳油是优良的防腐剂或防水剂，又可入药，治牛皮癣、铜钱癣及香港脚，还可提制栲胶。木材耐腐，可供造船。树皮用于杀虫、治白蚁和制不退色墨水。

8. 扁核木

【**学名**】*Prinsepia utilis* Royle

【**别名**】蕤核。

【**科属**】蔷薇科 Rosaceae 扁核木属 *Prinsepia*。

【**识别特征**】灌木,高 1~5m;老枝粗壮,灰绿色,小枝圆柱形,绿色或带灰绿色,有棱条,被褐色短柔毛或近于无毛;刺上生叶,近无毛;冬芽小,卵圆形或长圆形,近无毛。叶片长圆形或卵状披针形,先端急尖或渐尖,基部宽楔形或近圆形,全缘或有浅锯齿,两面均无毛,上面中脉下陷,下面中脉和侧脉突起;无毛。花多数成总状花序,生于叶腋或生于枝刺顶端;总花梗和花梗有褐色短柔毛,逐渐脱落;小苞片披针形,被褐色柔毛,脱落;萼筒杯状,外面被褐色短柔毛,萼片半圆形或宽卵形,边缘有齿,比萼筒稍长,幼时内外两面有褐色柔毛,边缘较密,以后脱落;花瓣白色,宽倒卵形,先端啮蚀状,基部有短爪;雄蕊多数,以 2~3 轮着生在花盘上,花盘圆盘状,紫红色;心皮 1,无毛,花柱短,侧生,柱头头状。核果长圆形或倒卵状长圆形,紫褐色或黑紫色,平滑无毛,被白粉;无毛;萼片宿存;核平滑,紫红色。花期 4~5 月,果熟期 8~9 月。

【**生长习性**】

气候条件:喜光、喜湿润,耐旱、耐寒,年平均气温 10~15℃,降雨量为 700~1200mm,相对湿度 60%~80%。

土壤条件:土层深厚、土壤肥沃、排水良好的红壤和砂质壤土上生长发育最好。

分布地点:产云南、贵州、四川、西藏等地。生于山坡、荒地、山谷或路旁等处,海拔 1000~2560m。巴基斯坦、尼泊尔、不丹和印度北部也有分布。

【**食用部位及食用方法**】果实、嫩叶。可生食或加工成果脯、果茶、果酱等天然绿色食品,亦可酿酒,甘醇爽口,色味俱佳。嫩尖可当蔬菜食用,俗名青刺尖。

【栽培技术】

繁殖方法：①种子繁殖。经过变温催芽，待种子有1/3以上裂嘴时开沟点播或条播于畦圃中消过毒的苗床上。播种后保持床面湿润，但忌大水灌溉，必要时可用草帘保湿。出苗后及时撤去，苗期可追速效肥，至秋季长至20cm左右，可于秋季或翌年春季分株定植。②扦插繁殖。3月底，采1～2年生尚未萌芽枝条，剪成15～20cm长的穗条，上切口平截，下切口成马耳型。株行距10cm×10cm，扦插后及时上遮阴网，保持空气湿度90%，土壤温度20～25℃，扦插苗经逐步锻炼就可以适应室外环境而移栽到苗圃。

植株管理：扁核木管理粗放，应及时浇水，以喷灌为主。及时消除田间杂草，避免杂草萋住小苗。当年可不追肥，第二年追施以磷钾肥为主，促进枝条木质化。扁核木于第二年早春即打头，增加分枝，可提前成型，若自然生长，需8～10年才能成型。

【价值】种子富含油脂，一般出油率30%左右，油呈暗棕黄色，澄清透明，凝固后白色如猪油。油可供食用、制皂、点灯用。在云南，茎、叶、果、根还用于治疗痈疽毒疮、风火牙痛、蛇咬伤、骨折、枪伤等。

9. 木 瓜

【学名】_Chaenomeles sinensis_（Thouin）Koehne

【别名】木李、海棠、楸楂。

【科属】蔷薇科 Rosaceae 木瓜属 _Chaenomeles_。

【识别特征】灌木或小乔木，高达5～10m，树皮成片状脱落；小枝无刺，圆柱形，幼时被柔毛，不久即脱落，紫红色，二年生枝无毛，紫褐色；冬芽半圆形，先端圆钝，无毛，紫褐色。叶片椭圆卵形或椭圆长圆形，稀倒卵形，先端急尖，基部宽楔形或圆形，边缘有刺芒状尖锐锯齿，齿尖有腺，幼时下面密被黄白色绒毛，不久即脱落无毛；微被柔毛，有腺齿；托叶膜质，卵状披针形，先端渐尖，边缘具腺齿。花单生于叶腋，花梗短粗，无毛；萼筒钟状外面无毛；萼片三角披针形，先端渐尖，边缘有腺齿，外面无毛，内面密被浅褐色绒毛，反折；花瓣倒卵形，淡粉红色；雄蕊多数，长不及花瓣之半；花柱 3~5，基部合生，被柔毛，柱头头状，有不显明分裂，约与雄蕊等长或稍长。果实长椭圆形，暗黄色，木质，味芳香，果梗短。花期 4月，果期 9~10 月。

【生长习性】

气候条件：喜温暖气候，要求阳光充足、雨量充沛的环境，耐高温，在 38℃ 时也能正常生长。

分布地点：产山东、陕西、湖北、江西、安徽、江苏、浙江、广东、广西等地。

【食用部位及食用方法】果实。去皮后食用，或者作为食材佐料。可制作木瓜牛奶椰子汁、木瓜炖牛排、木瓜橘子汁等。还可切片、晒干备用。

【栽培技术】

繁殖方法：①种子繁殖。秋播、春播均可。秋播在 10 月下旬，采种后直接播种，次年春季出苗。春播在 3 月下旬至 4 月上旬进行，播前用温水浸种 24h。播种时，在畦上按行距 20~30cm 开沟，沟深 2~3cm，间距 3~6cm 点播种子 2~3 粒，覆土后稍镇压，浇水，保持土壤湿润，30 天左右出苗。用种量 45kg/hm²。冬前培土护苗越冬，第二年春季按行株距 50cm×25cm 移栽，再培育 1~2 年即可出圃。②扦插繁殖。春季 2~3 月萌芽前或秋季落叶后，选择 1~2 年生、发育充实、无病虫害、完全木质化的硬枝，截成长 15~20cm 的插条，有 2~3 个节，按行株距 15cm×7cm 画线定点，将插条的 2/3 斜插入苗床，压实，浇水，覆盖薄膜，保温保湿，清明前后生根萌芽后，逐渐揭除薄膜，培育 1 年，苗高 80cm 左右即可出圃定植。③分株繁殖。木瓜分蘖力较强，在母株周围往往抽生很多幼苗。每年 3 月底至 4 月初，带根挖取母株基部高 60cm 以上的健壮分蘖苗，即可定植。④压条繁殖。在每年的春秋两季，将接近地面的健壮的、无病虫害的枝条压弯，埋入土中，枝梢留在土外。在埋入之前，在枝条将要埋入土中的部分进行环剥或刻伤，再弯入土中，用竹杈固定，然后堆土埋紧，施入适量的土杂肥。待生根发芽后，截离母体，带根挖取，另行定植。

土壤选择：木瓜对土壤要求不严，中性、微酸碱性土壤均能生长。但以土层深厚、土壤疏松、肥沃湿润、排水良好的砂壤土或夹砂土为好。

植株管理：苗出齐后，中耕松土除草 1 次，以后视杂草生长情况及时除草，保持地内无杂草。定植后，每年松土除草 2～3 次。定植后，每年春秋于植株周围开环状沟，施腐熟堆肥或圈肥 1～2 次，每株施 10～15kg，施后覆土，浇水。修剪在每年冬天进行，剪除枯枝、细弱枝，并在主干上放出侧枝，抹除赘芽，剪除萌蘖。

肥水管理：木瓜要多施磷、钾肥，结合松土锄草，春季施堆肥 10kg/株，秋季施用水粪土或草木灰 15kg/株，在树周围 70cm 处挖 10cm 深的沟，将肥施下盖土，冬季培土壅根防冻。原则是大树多施小树少施，基本上每年施肥 2～3 次。

【价值】习见栽培供观赏。入药有解酒、去痰、顺气、止痢之效。果皮干燥后仍光滑，不皱缩，故有光皮木瓜之称。木材坚硬可作床柱用。

10. 梅

【学名】*Armeniaca mume* Sieb.

【科属】蔷薇科 Rosaceae 杏属 *Armeniaca*。

【识别特征】小乔木，稀灌木，高 4～10m；树皮浅灰色或带绿色，平滑；小枝绿色，光滑无毛。叶片卵形或椭圆形，先端尾尖，基部宽楔形至圆形，叶边常具小锐锯齿，灰绿色，幼嫩时两面被短柔毛，成长时逐渐脱落，或仅下面脉腋间具短柔毛；幼时具毛，老时脱落，常有腺体。花单生或有时 2 朵同生于 1 芽内，香味浓，先于叶开放；花梗短，常无毛；花萼通常红褐色，但有些品种的花萼为绿色或绿紫色；萼筒宽钟形，无毛或有时被短柔毛；萼片卵形或近圆形，先端圆钝；花瓣倒卵形，白色至粉红色；雄蕊短或稍长于花瓣；子房密被柔毛，花柱短或稍长于雄蕊。果实近球形，黄色或绿白色，被柔毛，味酸；果肉与核粘贴；核椭圆形，顶端圆形而有小突尖头，基部渐狭成楔形，两侧微扁，腹棱稍钝，腹面和背棱上均有明显纵沟，表面具蜂窝状孔穴。花期冬春季，果期 5～6 月（在华北果期延至 7～8 月）。

【生长习性】

气候条件：喜温暖气候，喜阳光充足，通风良好，较耐瘠薄，不耐涝。

土壤条件：对土壤要求不严格，但土质以疏松肥沃、排水良好为佳，幼苗可用园土或腐叶土培植。

分布地点：我国各地均有栽培，但以长江流域以南各省最多，江苏北部和河南南部也有少数品种，某些品种已在华北引种成功。日本和朝鲜也有。

【食用部位及食用方法】果皮、花。果实拨开外果皮便可食用，也可加工作为蜜饯罐头，还可作为配菜佐料。花晾干后可做配菜佐料。

【栽培技术】

繁殖方法：切花繁殖。按品种分行分区，行距 3m，株距 1.5～2m。定植苗低留 30cm 剪截，萌条后均匀留 3～5 个条。翌春将所留枝条在 20cm 处剪截，第 2 年冬及第 3 年春采剪花条时，在 2 次骨架处留 2～3 个枝，在 15cm 左右处剪截，作为 3 次骨架。以后每个枝条随着采花留 3～4 个芽剪截。栽植时期于秋冬及早春进行。北方为提早及延长剪切花时间，可用大棚栽培。

盆景栽培：30cm×50cm 的株行距栽植小苗，然后进行嫁接，根部整型，修剪培育。2～3 年后于冬季或早春出土上盆。盆土选掺有园土及细沙的腐叶土，修剪根系及枝条，较露地梅花修剪重。

苗期管理：梅花喜欢阳光充足、通风良好的环境，充足的光照能满足光合作用需要，才能生长健壮，开出既多又大的鲜艳花朵。梅花喜湿润又怕涝，水过多会缺氧烂根至死，但脱水久会落叶，花芽发育不良，所以要合理浇水。

肥水管理：梅花喜肥但不喜大肥，施肥的原则是少量多次。春季发根后至 7 月花芽分化前以氮肥为主，每隔 10～15 天浇一次腐熟的人粪尿和豆饼水，不能施生肥或浓肥。秋季 7～8 月份，花芽分化后，施磷、钾肥为主，磷有利于花芽分化、开花、结果；钾能促使枝干粗壮、提高梅花抗寒、抗旱及抗病害的能力，使花色鲜艳。每月施肥 2～3 次。也可叶面微肥喷施。10 月上旬再施 1 次液肥。施肥后要及时浇水和松土，利于根系发育。

【价值】梅原产我国南方，已有 3000 多年的栽培历史，无论作观赏或果树均有许多品种。许多类型不但露地栽培供观赏，还可以栽为盆花，制作梅桩。鲜花可提取香精，花、叶、根和种仁均可入药。果实可食、盐渍或干制，或熏制成乌梅入药，有止咳、止泻、生津、止渴之效。梅又能抗根线虫危害，可作核果类果树的砧木。

11. 枸　杞

【学名】*Lycium chinense* Mill.

【科属】茄科 Solanaceae 枸杞属 *Lycium*。

【识别特征】多分枝灌木，高 0.5～1m，栽培时可达 2m 多；枝条细弱，弓状弯曲或俯垂，淡灰色，有纵条纹，生叶和花的棘刺较长，小枝顶端锐尖成棘刺状。叶纸质或栽培者质稍厚，单叶互生或 2～4 枚簇生，卵形、卵状菱形、长椭圆形或卵状披针形，顶端急尖，基部楔形。花在长枝上单生或双生于叶腋，在短枝上则同叶簇生；向顶端渐增粗。通常 3 中裂或 4～5 齿裂，裂片多少有缘毛；花冠漏斗状，淡紫色，筒部向上骤然扩大，稍短于或近等于檐部裂片，5 深裂，裂片卵形，顶端圆钝，平展或稍向外反曲，边缘有缘毛，基部耳显著；雄蕊较花冠稍短，或因花冠裂片外展而伸出花冠，花丝在近基部处密生一圈绒毛并交织成椭圆状的毛丛，与毛丛等高处的花冠筒内壁亦密生一环绒毛；花柱稍伸出雄蕊，上端弓弯，柱头绿色。浆果红色，卵状，栽培者可成长矩圆状或长椭圆状，顶端尖或钝。种子扁肾脏形，黄色。花果期 6～11 月。

【生长习性】

气候条件：喜冷凉气候，耐寒力很强，抗旱能力强。

土壤条件：生长在碱性土和砂质壤土，最适合在土层深厚、肥沃的壤土上栽培。

分布地点：分布于我国河北、山西、陕西、甘肃南部以及西南、东北、华中、华南和华东各省份；朝鲜，日本，欧洲有栽培或逸为野生。常生于山坡、荒地、丘陵地、盐碱地、路旁及村边宅旁。

【食用部位及食用方法】果实。枸杞一年四季皆可服用，可以作零食，也可泡酒，有增强细胞免疫力的作用，还可以煲汤、炖肉吃，冬季宜煮粥，夏季宜泡茶。

【栽培技术】

繁殖方法：种子繁殖。播种育苗时可春播，也可复播，每公顷播种 3.75kg 左右，播种前可用湿沙混合种子置于菜窖中，待种子膨胀，约有 1/3 种子尖露白时播种，一般按行距 40cm 的标准，开 2～3cm 深的沟，进行条播，播后覆细土，轻轻踏实，覆草或压砂以利保墒。

土壤选择：选择地势平坦、灌溉方便、阳光充足、土层深厚的田块。最好是微碱性。

苗期管理：枸杞园需在春天解冻后和秋天采果后及时进行耕翻，耕深 50cm 左右，促进土壤熟化，疏松土壤，以利根系生长，促树生长。枸杞修剪以疏枝及枝的更新为主，春夏秋均可进行。

肥水管理：枸杞施肥应以有利于高产和促进品质提高为原则，巧施基肥，基本做到每年在落叶后每株施油渣 1.5kg 左右，在花期及盛果期各施一次速效性氮肥，以补充树体所需养分，每次每株施尿素 0.25kg。水分管理上在开花初期要浇水一次，以后每摘一次果浇水一次，在土壤封冻前灌一次冬水，以利树体安全越冬。

【价值】枸杞有很高的药用价值、观赏价值和食用价值。此外，由于耐干旱，可生长在沙地，因此可作为水土保持的灌木，而且由于其耐盐碱，成为盐碱地开树先锋。

12. 宁夏枸杞

【学名】*Lycium barbarum* L.

【别名】枸杞果、白疙针、旁米布如。

【科属】茄科 Solanaceae 枸杞属 *Lycium*。

【识别特征】灌木，或栽培因人工整枝而成大灌木，高 0.8~2m，栽培者茎粗，直径达 10~20cm；分枝细密，野生时多开展而略斜升或弓曲，栽培时小枝弓曲而树冠多呈圆形，有纵棱纹，灰白色或灰黄色，无毛而微有光泽，有不生叶的短棘刺和生叶、花的长棘刺。叶互生或簇生，披针形或长椭圆状披针形，顶端短渐尖或急尖，基部楔形，略带肉质，叶脉不明显。花在长枝上 1~2 朵生于叶腋，在短枝上 2~6 朵同叶簇生；向顶端渐增粗。花萼钟状，通常 2 中裂，裂片有小尖头或顶端又 2~3 齿裂；花冠漏斗状，紫堇色，自下部向上渐扩大，明显长于檐部裂片，卵形，顶端圆钝，基部有耳，边缘无缘毛，花开放时平展；雄蕊的花丝基部稍上处及花冠筒内壁生一圈密绒毛；花柱象雄蕊一样由于花冠裂片平展而稍伸出花冠。浆果红色或在栽培类型中也有橙色，果皮肉质，多汁液，形状及大小由于经长期人工培育或植株年龄、生境的不同而多变，广椭圆状、矩圆状、卵状或近球状，顶端有短尖头或平截，有时稍凹陷。种子常 20 余粒，略成肾脏形，扁压，棕黄色。花果期较长，一般从 5~10 月边开花边结果，采摘果实时成熟一批采摘一批。

【生长习性】

土壤条件：常生于土层深厚的沟岸、山坡、田梗和宅旁，耐盐碱、沙荒和干旱的地区。

分布地点：原产我国北部：河北北部、内蒙古、山西北部、陕西北部、甘肃、宁夏、青海、新疆有野生，由于果实入药而栽培，现在除以上省份有栽培外，我国中部和南部不少省份也已引种栽培，尤其是宁夏及天津地区栽培多、产量高。本种栽培在我国有悠久的历史。现在欧洲及地中海沿岸国家则普遍栽培并成为野生。

【食用部位及食用方法】果。直接嚼服，把洗净的枸杞放入微波炉烘烤数秒(时间不要长)或在蒸锅里蒸数分钟，每日早晚直接嚼服，吸收效果更佳；泡酒，枸杞可浸泡于白酒内，十日后即可饮用；煲汤、炖肉时加入如适量枸杞，不仅色、香、味俱全，同时可达到疗养之效。

【栽培技术】

繁殖方法：扦插繁殖。春季或雨季扦插育苗均可。春季育苗，在3月底至4月初进行。具体方法是将1~2年生苗干截成20cm长的插穗，按粗细分级，然后作畦开沟插，株、行距30cm×30cm，扦插深度以插穗略露头为宜。随即踏实浇透水。雨季扦插宜在7月上旬下透雨时进行，方法同春季育苗。

苗期管理：栽植成活后，当年可结果2次，秋果比夏果产量高。结果部位多在当年生枝条的中上部，即新梢结果。因此在树形修剪上多采用篱架垂槐式，树干高不超过1.5m，每树留2个分枝。夏果成熟后，将结果枝剪除。利用新生枝在秋季结果，秋季结果后到冬季将结果枝剪除，利用翌年新生枝在夏季结果。每年都使树冠保留一定大小，避免结果部位外移。枸杞易遭叶甲、红蜘蛛等害虫危害，应注意对这些害虫的防治工作。

【价值】滋补肝肾，益精明目，用于虚劳精亏、腰膝酸痛、眩晕耳鸣、内热消渴、血虚萎黄、目昏不明。

13. 辣　椒

【学名】*Capsicum annuum* L.

【别名】辣子、辣角、红海椒、海椒、番椒、大椒、辣虎、广椒。

【科属】茄科 Solanaceae 辣椒属 *Capsicum*。

【别识特征】一年生或有限多年生植物；高40~80cm。茎近无毛或微生柔毛，分枝稍之字形折曲。叶互生，枝顶端节不伸长而成双生或簇生状，矩圆状卵形、卵形或卵状披针形，全缘，顶端短渐尖或急尖，基部狭楔形。花单生，俯垂；花萼杯状，不显著5齿；花冠白色，裂片卵形；花药灰紫色。果梗较粗壮，俯垂；果实长指状，顶端渐尖且常弯曲，未成熟时绿色，成熟后成红色、橙色或紫红色，味辣。种子扁肾形淡黄色。花果期5~11月。

【生长习性】

气候条件：喜气候温暖、阳光充足环境。

分布地点：本种原来的分布区在墨西哥到哥伦比亚，现在世界各国普遍栽培。

【食用部位及食用方法】果实。煎炒、煮食、研成粉末服或生食。辣椒既可做主菜，也可以用来做配菜或汤。夏季应尽量用辣椒做配菜，并选择具有滋阴、降燥、泻热等功效的食品，比如：鸭肉、虾、鲫鱼、瘦肉、苦菜、苦瓜、丝瓜、黄瓜、百合、槐花、香椿、大头菜等。

【栽培技术】

繁殖方法：将种子在阳光下暴晒 2 天，或者用 0.5% 的磷酸三钠，或 300~400 倍的高锰酸钾浸泡 20~30min。以保证消毒。如果是药剂消毒，要除去种子的包衣。完成后在 25~30℃ 的温水中浸泡 8~12h。苗床做好后要灌足底水，再进行消毒。然后撒一层细土，将种子均匀洒到苗床上，再覆盖 0.5~1cm 厚的细土，最后覆盖小棚保湿增温。

土壤要求：青椒要求在地势较高、肥沃壤土或砂壤土上栽培，其生长期长，对土壤营养条件要求严格。

植株管理：定植后，因地温低，根量少而弱，要小水勤浇，及时中耕松土，增温保墒，保进快发根。进入开花阶段，是营养生长和生殖生长并进的时期，应适当加大肥水的供给量，但不宜多施氮肥，以免徒长造成落花。进入结果期后，应及时追肥灌水，亩施磷肥 5kg，并经常保持土壤湿润。封垄前要培土保根，防止倒伏。高温干旱时，早晚小水勤浇，抑制病毒病的发生与流行。雨季应及时排水，施少量化肥，增强植株的抗逆性。高温雨季过后，气温逐渐转凉，植株恢复生长，应及时浇水，追施速效性肥料，促进第 2 次结果盛期，增加后期产量。

肥水管理：基肥应撒施与沟施相结合，施混合粪 5000~6000kg/亩，过磷酸钙 20~25kg，达到既有长效又发小苗，并能促根，有利于开花结果。

【价值】营养价值：辣椒中含有丰富的维生素 C、β-胡萝卜素、叶酸、镁及钾，辣椒中的辣椒素还具有抗炎及抗氧化作用，有助于降低心脏病及某些慢性病的风险。药用价值：健胃、助消化。可预防胆结石，改善心脏功能，降血糖，缓解皮肤疼痛，并有减肥、助长寿、肌肤美容等功效。其他价值：止痛散热，降脂减肥，保护心脏，对糖尿病患者有利，还可降低血压，预防动脉硬化，预防、抵抗癌症。

14. 树番茄

【学名】*Cyphomandra betacea* Sendt.

【别名】缅茄（俗称），洋酸茄、木本番茄。

【科属】茄科 Solanaceae 树番茄属 *Cyphomandra*。

【识别特征】小乔木或有时灌木，高达 3m；茎上部分枝，枝粗壮，密生短柔毛。叶卵状心形，顶端短渐尖或急尖，基部偏斜，有深弯缺，弯缺的 2 角通常靠合或心形，全缘或微波状，叶面深绿，叶背淡绿，生短柔毛，侧脉每边 5~7 条；生短柔毛。2~3 歧分枝蝎尾式聚伞花序，近腋生或腋外生，生短柔毛；花萼辐状，生短柔毛，5 浅裂，裂片三角形，顶端急尖；花冠辐状，粉红色，深 5 裂，裂片披针形；雄蕊围于花柱而靠合，花药矩圆形；子房卵状，花柱稍伸出雄蕊。果梗粗壮；果实卵状，多汁液，光滑，橘黄色或带红色。种子圆盘形，周围有狭翼。

【生长习性】

气候条件：亚热带气候。

海拔条件：适宜种植于海拔 1000~2400m 的地区。

分布地点：原产南美洲，现在世界热带和亚热带地区有引种。我国云南和西藏南部有栽培。

【食用部位及食用方法】果。做果蔬食之，将采摘的树番茄洗净，去薄皮。果肉、果浆和籽均可食用，可制作树番茄拌鱼腥菜，还可调制蘸水。

【栽培技术】

繁殖方法：种子繁殖。整理好苗床后，把种子撒在床面上，先盖

1cm 厚细土或细腐殖质土，再盖 3～5cm 厚稻草或遮阳网，浇透底水，经常保持土壤湿润。播种 15 天后出苗，苗期及时浇水、追肥、除草和防治病虫害。待苗长到 3～4 片真叶时进行间苗，结合间苗装袋进行假植。苗木长到高达 25cm、茎干粗 0.6cm、叶色清秀而不浓绿、根系发达时即可进行移植。

土壤选择：育苗地应选择靠近水源，土壤疏松、肥沃，排水良好，pH 值为 5.5～6.0 的砂质壤土和避风的地方，最好是从未种植过茄科作物的新地和新土以减少病害发生。

植株管理：苗木定植后浇透定根水并做好遮阴保湿、中耕除草、松土追肥等管理措施。当侧枝长到 60cm 时将侧枝顶芽摘除。为防止树冠过大不利于管理，应在定植后第 2 年春末对其侧枝进行修整，使树冠保持在 1.5m 冠幅范围内。

肥水管理：冬、春季在树盘周围挖条形沟，每亩施复合肥 20～30kg 或有机肥 800～1000kg、普钙肥等作基肥，施肥后回土填穴，勿使肥料暴露，以确保肥效。生长期内可视生长势酌量施肥。

【价值】树番茄果肉厚，含有丰富的果胶质，是制罐头、果酱、果胶的优良材料。可作水果鲜食，甜似黄桃，香如菠萝，果肉细腻、味酸甜，富含矿物质及维生素 C 等多种对人体有益的微量元素，有健脾益胃作用；熟食酸甜可口，清香味美，可作菜拌炒鸡蛋、肉片，或掺绿菜煮汤，营养丰富。树番茄生长迅速，成树快；植株高大，分枝整齐；叶茂常绿，树姿优美，尤其在结果季节，那满树红橙黄绿的果实，像五彩缤纷的彩灯挂满树枝，在宽大的绿叶和金色阳光的映衬下，更加缤纷夺目。树番茄花果期长，可以观花赏果，令人赏心悦目，是点缀美化庭园和绿化街道、农庄的优良树种，经济和实用价值高。

15. 华中五味子

【学名】*Schisandra sphenanthera* Rehd. et Wils.

【别名】南五味子、香苏、红铃子。

【科属】五味子科 Schisandraceae 五味子属 *Schisandra*。

【识别特征】落叶木质藤本，全株无毛，很少在叶背脉上有稀疏细柔毛。冬芽，芽鳞具长缘毛，先端无硬尖，小枝红褐色，叶纸质，倒卵形或宽倒卵形，花生于近基部叶腋，花梗纤细，花被片 5 ~ 9，橙黄色，近相似，椭圆形或长圆状倒卵形，子房近镰刀状椭圆形，柱头冠狭窄，成熟小浆果红色，种皮褐色光滑。

【生长习性】

气候条件：喜阴凉湿润气候，耐寒，不耐水浸，需适度荫蔽，幼苗期尤忌烈日照射。

土壤条件：疏松、肥沃、富含腐殖质的壤土栽培为宜。

海拔条件：生于海拔 600 ~ 3000m 的湿润山坡边或灌丛中。

分布地点：我国分布于山西、陕西、甘肃、山东、江苏、安徽、浙江、江西、福建、河南、湖北、湖南、四川、贵州、云南东北部等地。

【食用部位及食用方法】果实。秋季果实成熟尚未脱落时采摘，拣去果枝及杂质，晒干。

【栽培技术】

繁殖方法：种子繁殖。8 ~ 9 月取成熟果实用清水浸泡，搓去果肉，除去瘪粒，用清水浸泡 5 ~ 7 天，隔 2 天换水 1 次，浸泡后，捞出种子与 2 ~ 3 倍的湿砂混匀进行低温砂藏处理，翌年 5 ~ 6 月裂口。条播或撒播。条播行距 10cm，覆土 1.5 ~ 3cm。每平方米播种量 30g 左右。

植株管理：播种后上面用草帘遮阴，幼苗长出 2 ~ 3 片真叶时可撤去遮阴帘。并要经常除草，翌春即可定植。行株距 120cm×50cm，坑深 30 ~ 35cm、直径 30cm 的穴，每穴 1 株。移栽后第 2 年搭架，引蔓上架，每年应进行剪枝 3 次，春剪，在枝条萌发前，应剪去过密果枝和枯枝；夏剪，一般在 5 月上中旬至 8 月上中旬，剪去基生枝、膛枝、重叠枝、病虫枝等，同时对过密的新生枝也需进行疏剪或短截；秋剪，在落叶后进行，主要剪掉夏剪后的基生枝。不论何时剪枝，都应选留 2 ~ 3 条营养枝，作为主枝，并引蔓上架。在生育期要及时松土、除草，入冬前还应在基部培土越冬。

【价值】华中五味子味酸，性温，有收敛固涩，益气生津、宁心安神等药效，是一种比较常用的中药材。华中五味子夏有香花、秋有红果，是园林绿化的优良树种。

16. 五味子

【学名】*Schisandra chinensls*（Turcz）Baill

【别名】玄及、会及、五梅子、山花椒、壮味、五味。

【科属】五味子科 Schisandraceae 五味子属 *Schisandra* 。

【识别特征】落叶木质藤本，除幼叶背面被柔毛及芽鳞具缘毛外余无毛；幼枝红褐色，老枝灰褐色，常起皱纹，片状剥落。叶膜质，宽椭圆形、卵形、倒卵形、宽倒卵形或近圆形，先端急尖，基部楔形，上部边缘具胼胝质的疏浅锯齿，近基部全缘；侧脉每边 3~7 条，网脉纤细不明显；叶柄长 1~4cm，两侧由于叶基下延成极狭的翅。雄花中部以下具狭卵形的苞片，花被片粉白色或粉红色，6~9 片，长圆形或椭圆状长圆形，外面的较狭小；无花丝或外 3 枚雄蕊具极短花丝，药隔凹入或稍凸出钝尖头；雄蕊仅 5（6）枚，互相靠贴，直立排列于长约 0.5mm 的柱状花托顶端，形成近倒卵圆形的雄蕊群；雌花花被片和雄花相似；雌蕊群近卵圆形，心皮 17~40，子房卵圆形或卵状椭圆体形，柱头鸡冠状。聚合浆果红色，近球形或倒卵圆形，果皮具不明显腺点；种子 1~2 粒，肾形，淡褐色，种皮光滑，种脐明显凹入成 U 形。花期 5~7 月，果期 7~10 月。

【生长习性】

分布地点：产于黑龙江、吉林、辽宁、内蒙古、河北、山西、宁夏、甘肃、山东等地。生于海拔 1200~1700m 的沟谷、溪旁、山坡。也分布于朝鲜和日本。

【食用部位及方法】果实。采收成熟果实，日晒或烘干后搓去果柄，挑出黑粒即可入药。也可与桂圆一起煮汤，做成五味子茶，用水直接冲泡。还可将花粉与蜂蜜混合后用温开水冲服。

【栽培技术】

繁殖方法：种子繁殖。选出优质的果实后，用清水浸泡 5～7 天，至果肉涨起时削去果肉。捞出阴干。与 2～3 倍于种子的湿砂混匀。挖穴 0.5m 深，放入种子。上面覆盖细土 10～15cm，再盖上柴草或草帘子，进行低温处理。翌年 5～6 月裂口即可播种。处理场地要选择高燥地点，以免积水烂种。

土壤要求：选择土壤肥沃、土层深厚、排水良好的土壤。最好是腐殖土和砂质壤土。

植株管理：草荒能延迟五味子结果年限和降低产量。定植后的五味子，多以清沟培土来代替铲蹚。因翻动土层易损伤地下横走茎，使大量横走茎钻出地面，形成过多的营养枝，消耗营养，影响产量。清沟培土，每年可进行三次。第一次在小草大量发生时，第二次在 6～7 月，先拔大草后清沟覆土。第三次在 8 月，只拔大草即可。清沟覆土，加厚土层，有利于根系的生长。

肥水管理：栽植成活后，要勤浇水，保持土壤湿润，但是要注意不能积水，否则会造成烂根。结冻前灌一次水，以利越冬。每年追肥 1～2 次，第一次在展叶期进行，第二次在开花后进行。一般追施腐熟的农家肥 5～10kg。五味子进入盛果期，形成庞大的地下横走茎，需肥量较大。每年冬季或 4 月初，将腐熟圈粪拌磷肥撒于畦面，并将清畦沟的土覆于畦面的肥上。追肥在 6～7 月间进行，每亩施尿素和过磷酸钙各 20kg，结合清沟覆土和灌水进行。五味子是喜肥、喜水的植物，特别是定植后，应及时浇水，以利缓苗和提高成活率，同时也为下年开花结果和提高单株产量打好基础。

【价值】五味子有敛肺、滋肾、生津、收汗、涩精之功效，可治肺虚喘咳、口干作渴、自汗、盗汗、劳伤羸瘦、梦遗滑精等。而现代医学研究表明五味子还有保肝及再生肝脏组织，保护及增强心脏机能等特殊功效，具有很高的药用价值。

17. 南五味子

【学名】*Schisandra sphenanthert* Wils

【别名】红木香、紫金藤、紫荆皮、盘柱香、内红消、风沙藤、小血藤。

【科属】五味子科 Schisandraceae 五味子属 *Schisandra*。

【识别特征】藤本植物，藤长 2.5~4m，各部无毛。单叶互生，革质，稍厚而柔软，椭圆形或长椭圆形，先端渐尖，基部楔形，常有透明腺点，表面暗绿，花单生于叶腋，具芳香，雌雄异株；雄花花被片白色或淡黄色，椭圆形，花托椭圆体形，顶端伸长圆柱状，不凸出雄蕊群外；雄蕊群球形，子房宽卵圆形，花柱具盾状心形的柱头。浆果深红至暗蓝色，果皮肉质较薄，无光泽球形外果皮薄革质，干时显出种子。种子肾形或肾状椭圆形，表面黄棕色，略呈颗粒状。

【生长习性】

土壤条件：喜微酸性腐殖土，在肥沃、排水好、湿度均衡适宜的土壤上发育最好。

分布地点：集中在黄河流域以南，主要分布于华中、西南，包括山西、陕西、甘肃、山东、浙江、江西、福建、河南、湖南、湖北、四川、贵州、云南等地。生于海拔 1000m 以下山坡、林中。

【食用部位及食用方法】果实。药用或酿酒，做果汁、五味子粥。

【栽培技术】

繁殖方法：种子繁殖和地下横走茎繁殖。

土壤要求、植株管理和肥水管理等同五味子。

【价值】南五味子作为名贵常用中药材具有悠久的历史，是应用面较广、用量较大的中药材品种，是生产健脑安神、调节神经药品及保健品的首选药材。由于它对人体多方面的有益作用，其利用范围愈来愈广，现已突破原来的药用范畴，在酿酒、制果汁等方面也已被广泛利用，被列为第三代果树，是一种应用价值高、开发前景十分广阔的野生经济植物。

18. 银 杏

【学名】*Ginkgo biloba* L.

【别名】白果、公孙树、鸭脚树、蒲扇。

【科属】银杏科 Ginkgoaceae 银杏属 *Ginkgo*。

【识别特征】乔木，高达40m，胸径可达4m；幼树树皮浅纵裂，大树之皮呈灰褐色，深纵裂，粗糙；幼年及壮年树冠圆锥形，老则广卵形；枝近轮生，斜上伸展（雌株的大枝常较雄株开展）；一年生的长枝淡褐黄色，二年生以上变为灰色，并有细纵裂纹；短枝密被叶痕，黑灰色，短枝上亦可长出长枝；冬芽黄褐色，常为卵圆形，先端钝尖。叶扇形，有长柄，淡绿色，无毛，有多数叉状并列细脉，在短枝上常具波状缺刻，在长枝上常2裂，基部宽楔形，幼树及萌生枝上的叶常较深裂，有时裂片再分裂（这与较原始的化石种类之叶相似），叶在一年生长枝上螺旋状散生，在短枝上3~8叶呈簇生状，秋季落叶前变为黄色。球花雌雄异株，单性，生于短枝顶端的鳞片状叶的腋内，呈簇生状；雄球花柔荑花序状，下垂，雄蕊排列疏松，具短梗，花药常2个，长椭圆形，药室纵裂，药隔不发；雌球花具长梗，梗端常分两叉，稀3~5叉或不分叉，每叉顶生一盘状珠座，胚珠着生其上，通常仅一个叉端的胚珠发育成种子，内媒传粉。种子具长梗，下垂，常为椭圆形、长倒卵形、卵圆形或近圆球形，外种皮肉质，熟时黄色或橙黄色，外被白粉，有臭叶；中种皮白色，骨质，具2~3条纵脊；内种皮膜质，淡红褐色；胚乳肉质，味甘略苦；子叶2枚，稀3枚，发芽时不出土，初生叶2~5片，宽条形，长约5mm，宽约2mm，先端微凹，第4或第5片起之后生叶扇形，先端具一深裂及不规则的波状缺刻，有主根。花期3~4月，种子9~10月成熟。

【生长习性】

气候条件：气候温暖湿润，年降水量700~1500mm。

土壤条件：生于酸性土壤（pH值4.5）、石灰性土壤（pH值8）及中性土壤上，但不耐盐碱土及过湿的土壤。适宜土层深厚、肥沃湿润、排水良好的地区，在土壤瘠薄干燥、多石山坡过度潮湿的地方生长不良。

分布地点：银杏为中生代孑遗的稀有树种，系我国特产，仅浙江天目山有野生状态的树木，生于海拔 500 ~ 1000m、酸性（pH 值 5 ~ 5.5）黄壤、排水良好地带的天然林中，常与柳杉、榧树、蓝果树等针阔叶树种混生，生长旺盛。银杏的栽培区甚广：北自东北沈阳，南达广州，东起华东海拔 40 ~ 1000m 地带，西南至贵州、云南西部（腾冲）海拔 2000m 以下地带均有栽培，以生产种子为目的，或作园林树种。栽培区常用实生苗、移杆苗或根蘖苗进行嫁接，可提前在 8 ~ 10 年生时开花结实（实生苗一般在 20 年后才开始结种子）。各地栽培的银杏有数百年或千年以上的老树。朝鲜、日本及欧洲、美国庭园均有栽培。

【食用部位及食用方法】果实。食法主要有烤食、煮食、炒食和配菜等，与肉煮称"长生肉"，与枣烧称"长生饭"。白果食用前可先 放至锅中干炒 5min，剥去外壳后用布包裹里仁轻轻揉搓去除内种皮。也可以将去壳后的银杏用水煮 10min 左右，用抓篱在沸水中轻轻碾动以脱去种皮。去皮后的银杏仁可与猪脚、鸡、鸭、牛肉等配合炖食，也可将白果煮 10min 后与鲜猪肉、鸡肉、莴笋、白菜等炒食。

【栽培技术】

繁殖方法：①扦插繁殖。扦插繁殖可分为老枝扦插和嫩枝扦插，老枝扦插一般是在春季 3 ~ 4 月，从成品苗圃采穗或在大树上选取 1 ~ 2 年生的优质枝条，剪截成 15 ~ 20cm 长的插条，上剪口要剪得平滑呈圆形，下剪口剪成马耳形。剪好后，扦插于细黄沙或疏松的苗床土壤中。扦插后浇足水，保持土壤湿润，约 40 天后即可生根。成活后进行正常管理，第二年春季即可移植。嫩枝扦插是在 5 月下旬至 6 月中旬，剪取银杏根际周围或枝上抽穗后尚未木质化的插条（插条长约 2cm，留 2 片叶），插入容器后置于散射光处，每 3 天左右换一次水，直至长出愈伤组织，即可移植于黄沙或苗床土壤中，但在晴天的中午前后要遮阳，叶面要喷雾 2 ~ 3 次，待成活后进入正常管理。②分株繁殖。方法是剔除根际周围的土，用刀将带须根的蘖条从母株上切下，另行栽植培育。雌株的萌蘗可以提早结果年龄。③嫁接繁殖。在5月下旬到8月上旬均可进行绿枝嫁接，但在高温干旱的天气条件下不能嫁接，尤其是晴天的中午不可嫁接，同时也要避开雨天嫁接。具体方法是，先从银杏良种母株上采集发育健壮的多年生枝条，剪掉接穗上的一片叶，仅留叶柄，每2~3个芽剪一段，然后将接穗下端浸入水中或包裹于湿布中，最好随采随接。可以从2~3年生的播种苗、扦插苗中选择嫁接砧木。用于早果密植者，接位应在1m左右。④播种繁殖。播种繁殖多用于大面积绿化用苗或制作丛株式盆景。秋季采收种子后，去掉外种皮，将带果皮的种子晒干，当年即可冬播或在次年春播。若春播，必须先进行混沙层积催芽。播种时，将种子胚芽横放在播种沟内，播后覆土3~4cm厚并压实，幼苗当年可长至15~25cm高。

植株管理：银杏树修剪分为冬季修剪和夏季修剪2种，冬剪的时间长，内容多，是主要的修剪时期，对于增加翌年产量和培养树形具有重要意义。夏季修剪，又称为生长期修剪，此期主要任务是：抹芽、摘心、环割、环剥等。疏果一般分2次进行，1次在5月中下旬，另1次在6月上旬。初果期，树冠小营养不足，可多疏，盛果期宜少疏。5月中旬摘心，可萌发2根粗壮枝条，5月下旬摘心，不形成新梢，摘心后第一芽长出新叶，6月中旬摘心，摘心后第一芽粗壮饱满，侧芽也较饱满。

肥水管理：银杏喜湿润，但怕积水，不适合栽于低洼积水或排水不良的地方，栽植前施足有机底肥，结果树每年追肥3次，第1次在发芽前10天左右（清明前），每亩施用尿素50kg，能促进其根、茎、叶的生长；第2次在新梢生长高峰期前7天左右（6月上旬），施用复合肥（每亩施尿素50kg、磷酸二氢钾40kg），可促进果实的生长；第3次在坐果后（7月下旬8月上旬），每亩施用复合肥40kg。施肥方式可采用环状沟施法、条状沟施法和放射状沟施法。春季是银杏浇水的关键时期，从发芽前后到5月底6月初是银杏新梢生长的高峰期，需水量较多，要保持土壤湿润，使土壤含水量为田间最大持水量的60%~80%，6月下旬至7月下旬是银杏种仁生长发育的高峰期，需水量大，若遇天气干旱，也必须浇水，否则影响种仁正常生长发育，造成减产。

【价值】银杏树高大挺拔，叶似扇形；冠大荫状，具有降温作用。春夏翠绿，深秋金黄，是理想的园林绿化、行道树种，被列为中国四大长寿观赏树种。银杏叶、果是出口创汇的重要产品，尤其是防治高血压、心脏病重要的医药原料。银杏叶中提取物可以"捍卫心脏，保护大脑"，已知其化学成分的银杏叶化学提取物有160多钟，经济价值、药用价值很高。银杏还具有绿化环境、净化空气、保持水土等生态价值。

19. 黑 榆

【学名】*Ulmus davidiana Planch* var. *davidiana*

【别名】山毛榆（河南）、热河榆、东北黑榆。

【科属】榆科 Ulmaceae 榆属 *Ulmus*。

【识别特征】疏毛落叶乔木或灌木状，高达 15m，胸径 30cm；树皮浅灰色或灰色，纵裂成不规则条状，幼枝被或密或疏的柔毛，当年生枝无毛或多少被毛，小枝有时（通常萌发枝及幼树的小枝）具向四周膨大而不规则纵裂的木栓层；冬芽卵圆形，芽鳞背面被覆部分有毛。叶倒卵形或倒卵状椭圆形，稀卵形或椭圆形，先端尾状渐尖或渐尖，基部歪斜，一边楔形或圆形，一边近圆形至耳状，叶面幼时有散生硬毛，后脱落无毛，常留有圆形毛迹，不粗糙，叶背幼时有密毛，后变无毛，脉腋常有簇生毛，边缘具重锯齿，全被毛或仅上面有毛。花在去年生枝上排成簇状聚伞花序。翅果倒卵形或近倒卵形，果翅通常无毛，稀具，果核部分常被密毛，或被疏毛，位于翅果中上部或上部，上端接近缺口，宿存花被无毛，裂片 4，果梗被毛，长约 2mm。花果期 4~5 月。

【生长习性】

气候条件：喜光，耐寒，耐干旱。

分布地点：分布于辽宁、河北、山西、河南及陕西等省。生于石灰岩山地及谷地。适应性强，耐干旱、抗碱性能力较强。

【食用部位及食用方法】果实。可洗干净，稍晒一下，就着上面那点水，撒上点面粉，搅一下，让榆钱上均匀粘上面粉，上锅蒸 15min，调点蒜汁(可根据口味加点醋)蘸着吃。

【栽培技术】

繁殖方法：①播种繁殖。一般采用条播，每亩 4kg 左右，行距 30cm，然后覆土约 1cm 左右，踩实。最好再覆盖 3cm 土以保湿。这个不用踩实。发芽时用耙子挡平。②高压法(俗称圈枝)。此法除在休眠期外全年都可进行。高压法繁殖可以得到良好的造型枝干，但桩头和根系则不如由根条繁殖，多作为商品盆景使用。③插根法。取在每年小寒到大寒期间挖掘榆树桩头时所截剪下来的根条(不论大小)；剪接成每条长度 10cm 左右，及时栽插在充分疏水透气的泥中，输足定根水(遇雨天还应遮盖)。一个月左右，便会萌芽生长。

土壤要求：应选择水源充足、排水良好、土层深厚的肥沃砂壤地。

植株管理：苗高 10cm 左右间苗至株行跑 10cm×20cm。第二年间苗至株行距 30cm×60cm，以后根据培养苗木的大小间苗至合适的密度。移栽在秋末至春季进行(萌芽前的二三个月成活率最高)。可裸根，栽种前首先要对根系和枝干进行修剪，其剪口处常有黏性树液流出。若液体渗出过多，将严重影响成活率。可用漆、蜡封在切口处，也可涂上一层红霉素药膏或磺胺软膏，然后撒上细沙土。

肥水管理：一个月施一次腐熟稀薄液肥即可。

【价值】黑榆边材暗黄色，心材暗紫灰褐色，木材纹理直或斜行，结构粗，重量和硬度适中，有香味，力学强度较高，弯挠性较好，有美丽的花纹，可作家具、器具、室内装修、车辆、造船、地板等用材；枝皮可代麻制绳，枝条可编筐。果榆适应性强，可选作造林树种。

20. 多脉榆

【学名】*Ulmus castaneifolia* Hemsl.

【科属】榆科 Ulmaceae 榆属 *Ulmus*。

【识别特征】落叶乔木，高达 20m，胸径 50cm；树皮厚，木栓层发达，淡灰色至黑褐色，纵裂成条状或成长圆状块片脱落；小枝较粗，无木栓翅及膨大的木栓层，当年生枝密被白色至红褐色或锈褐色长柔毛，毛曲或直，有时长短不等(萌发枝及幼树小枝的毛较长、直，常长短不等，颜色较深)，去年生枝多少被毛，稀无毛，淡灰褐色或暗褐灰色，具散生黄色或褐黄色皮孔；冬芽卵圆形，常稍扁，芽鳞两面均有密毛。叶长圆状椭圆形、长椭圆形、长圆状卵形、倒卵状长圆形或倒卵状椭圆形，质地通常较厚(萌发枝及幼树之叶较薄)，先端长尖或骤凸，基部常明显地偏斜，一边耳状或半心脏形，一边圆或楔形，较长的一边往往覆盖叶柄，长为叶柄之半或几相等长，叶面幼时密生硬毛，后渐脱落，平滑或微粗糙(萌发枝及幼树之叶面的毛不脱落，粗糙)，主侧脉凹陷处常多少有毛，叶背密被长柔毛，脉腋有簇生毛，边缘具重锯齿，侧脉每边 16~35 条(幼树及萌发枝上之叶的侧脉较少)，密被柔毛。花在去年生枝上排成簇状聚伞花序。翅果长圆状倒卵形、倒三角状卵形或倒卵形，除顶端缺口柱头面有毛外，余处无毛，果核部分位于翅果上部，上端接近缺口，宿存花被无毛，4~5浅裂，裂片边缘有毛，果梗较花被为短，密生短毛。花果期 3~4 月。

【生长习性】

气候条件：喜光，散生在山谷、山坡下部村边阔叶林中。

土壤条件：喜深厚、肥沃、有机质含量较多土壤。

分布地点：为中国的特有植物。分布在中国大陆的湖南、福建、江西、贵州、广西、湖北、云南、浙江、安徽、四川、广东等地。生长于海拔 500~1600m 的地区，一般生于山地和山谷的阔叶林中，目前尚未由人工引种栽培。

【食用部位及食用方法】果、嫩叶。洗干净，稍晒一下，就着上面那点水，撒上点面粉，油炸。嫩叶可以炒食、凉拌，也可做汤、做馅。

【栽培技术】

繁殖方法：播种繁殖。4 月下旬种子采收后，除去瘪粒，即可播种。采用条播方法，条距 25cm，带翅播种，每亩播种量约为 2 ~ 2.5kg。覆焦泥灰，厚度以不见种子为度。播种后盖草。播后约 10 天发芽出土。

土壤要求：选取排灌方便，土壤疏松、肥沃的砂质壤土作为苗圃地。

植株管理：种子发芽出土后，揭取苗床覆盖的草，并及时除去田间杂草。

【价值】多脉榆是一种生长较快、材质优良的乡土树种。木材纹理直，有光泽，花纹美丽，结构略粗，年轮明显。略硬重，耐磨损，力学强度高，是优良的建筑、车辆、枕木、家具、农具等用材。枝条、根皮有胶质物，可做造纸糊料。

21. 臭常山

【学名】_Orixa japonica_ Thunb.

【别名】和常山、胡椒树、日本常山。

【科属】芸香科 Rutaceae 臭常山属 _Orixa_。

【识别特征】高 1 ~ 3m 的灌木或小乔木；树皮灰或淡褐灰色，幼嫩部分常被短柔毛，枝、叶有腥臭气味，嫩枝暗紫红色或灰绿色，髓部大，常中空。叶薄纸质，全缘或上半段有细钝裂齿，下半段全缘，大小差异较大。倒卵形或椭圆形，中部或中部以上最宽，两端急尖或基部渐狭尖，嫩叶背面被疏或密长柔毛，叶面中脉及侧脉被短毛，中脉在叶面略凹陷，散生半透明的细油点。花序轴纤细，初时被毛；花梗基部有苞片 1 片，苞片阔卵形，两端急尖，内拱，膜质，有中脉，散生油点；萼片甚细小；花瓣比苞片小，狭长圆形，上部较宽，有 3（~5）脉；雄蕊比花瓣短，与花瓣互生，插生于明显的花盘基部四周，花盘近于正方形，花丝线状，花药广椭圆形；雌花的萼片及花瓣形状与大小均与雄花近似，4 个靠合的心皮圆球形，花柱短，粘合，柱头头状。成熟分果瓣阔椭圆形，干后暗褐色，每分果瓣由顶端起沿腹及背缝线开裂，内有近圆形的种子 1 粒。花期 4~5 月，果期 9~11 月。

【生长习性】

气候条件：喜光，不耐涝。

分布地点：产河南（伏牛山、大别山、桐柏山以南）、安徽、江苏、浙江、江西、湖北、湖南、贵州、四川、云南（丽江）等地。见于海拔 500~1300m 山地密林或疏林向阳坡地。民间有零星栽种。

【食用部位】果实。

【栽培技术】

繁殖方法：茎插、根插、压条及播种繁殖。

肥水管理：栽植时施足底肥，底肥与栽植土充分拌匀。此后管理中，秋末结合浇冻水施用烘干鸡粪，翌年追施尿素。花期适当施用磷、钾肥。

【价值】含香豆素、喹啉类生物碱等。有清热利湿、截疟、止痛、安神之功效，主治风热感冒、风湿关节肿痛、胃痛、疟疾、跌打损伤、神经衰弱；外用治痈肿疮毒。

22. 花　椒

【学名】_Zanthoxylum bungeanum_ Maxim.

【别名】香椒、大花椒、青椒、山椒。

【科属】芸香科 Rutaceae 花椒属 _Zanthoxylum_。

【识别特征】高 3~7m 的落叶小乔木；茎干上的刺常早落，枝有短刺，小枝上的刺基部宽而扁且劲直的长三角形，当年生枝被短柔毛。叶有小叶 5~13 片，叶轴常有甚狭窄的叶翼；小叶对生，无柄，卵形、椭圆形，稀披针形，位于叶轴顶部的较大，近基部的有时圆形，叶缘有细裂齿，齿缝有油点。其余无或散生肉眼可见的油点，叶背基部中脉两侧有丛毛或小叶两面均被柔毛，中脉在叶面微凹陷，叶背干后常有红褐色斑纹。花序顶生或生于侧枝之顶，花序轴及花梗密被短柔毛或无毛；花被片 6 ~ 8 片，黄绿色，形状及大小大致相同；雄花的雄蕊 5 枚或多至 8 枚；退化雌蕊顶端叉状浅裂；雌花很少有发育雄蕊，有心皮 3 或 2 个，间有 4 个，花柱斜向背弯。果紫红色，单个分果瓣径 4 ~ 5mm，散生微凸起的油点，顶端有甚短的芒尖或无。花期 4 ~ 5 月，果期 8 ~ 9 月或 10 月。

【生长习性】

气候条件：耐寒，耐旱，喜阳光，不耐涝，短期积水可致死亡。

分布地点：产地北起东北南部，南至五岭北坡，东南至江苏、浙江沿海地带，西南至西藏东南部；台湾、海南及广东不产。见于平原至海拔较高的山地，在青海，见于海拔 2500m 的坡地。各地多栽种。

【食用部位及食用方法】果。花椒富含挥发油、淄醇、不饱满和酸，可以制成花椒油；或与其他香料混合成填馅，塞于鸡、鸭腔内烘烤，香味醉人；也可用作汤品的调味料，使汤味更加鲜美。花椒还可以作香料添加剂。

【栽培技术】

繁殖方法：播种繁殖。播种是花椒育苗的第 2 个环节，也是极为关键的环节，花椒种子播种主要分为条播和撒播两种方法。条播应该提前将苗床修整好，在修整好的苗床上条播。行距 25cm，覆土厚度约 2 ~ 3cm，播好之后要轻轻拍实，每亩播种量 10 ~ 50kg。撒播相对于条播要简单，同样也是在已经整好的苗床上进行，先将种子撒入床面，然后覆土。覆土厚度和播种量与条播相同。

土壤要求：选择温暖湿润及土层深厚肥沃的壤土或者砂壤土。

植株管理：春季出苗时，及时解除覆盖物。花椒出苗后的管理：间定苗，当幼苗长到 3 ~ 4cm 高，有 3 ~ 4 片真叶时进行间苗，当苗高达到 10cm 时定苗，苗距 5cm 左右，每亩留苗 2 万 ~ 3 万株；及时灌水排涝；适时追肥，促苗早发；中耕松土，改善土壤通透性，清除苗床杂草；防治病虫害，保证花椒幼苗健壮生长。移栽的时候应选择那些无病虫害、无机械损伤、长势壮硕的优质壮苗移栽。按照 2m × 3m 的株行距定植，并提前挖 50cm 见方的树穴。另外，在栽植时，还应注意深埋、截干、踏实以及浇水等细节，确保苗木成活。

肥水管理：施肥要与灌水相结合，施后及时中耕除草。花椒怕涝，雨季到来时，苗圃要作好防涝排水工作。根据花椒树的生长及结果状况做好肥水管理，是保证花椒高产丰产的重要措施。果前期，应多施氮肥，适当补充磷、钾肥，尽快形成丰产树形；当幼树生长旺盛、结果较多时，应多施用钾肥，用来补充花椒由于结果而消耗的养分。幼树每株施农家肥 5～10kg，尿素 0.5～0.15kg，磷肥 0.1～0.2kg；6～7 年生树，每株施农家肥 15～20kg，尿素 0.5kg，磷肥 1～2kg。花期、果实膨大期要酌情施化肥，以提高坐果率和促进果实生长。施肥时最好在花椒树的树冠垂直投影周围挖沟，深以露出毛细根为宜，将肥料施进沟里，然后盖上土。花椒全年应至少浇 3 次水，也就是浇花前水、结果水以及封冻水。

【价值】花椒是西南地区做菜必不可少的调味品，深受人民喜爱，经济价值较高。而且中医认为，花椒性温，味辛，有温中散寒、健胃除湿、止痛杀虫、解毒理气、止痒祛腥的功效；可用于治疗积食、停饮、呃逆、呕吐、风寒湿邪所致的关节肌肉疼痛、脘腹冷痛、泄泻、痢疾、蛔虫、阴痒等病症。

23. 野花椒

【学名】*Zanthoxylum simulans* Hance

【别名】花椒、岩椒。

【科属】芸香科 Rutaceae 花椒属 *Zanthoxylum*。

【识别特征】灌木或小乔木；枝干散生基部宽而扁的锐刺，嫩枝及小叶背面沿中脉或仅中脉基部两侧或有时及侧脉均被短柔毛，或各部均无毛。叶有小叶 5～15 片；叶轴有狭窄的叶质边缘，腹面呈沟状凹陷；小叶对生，无柄或位于叶轴基部的有甚短的小叶柄，卵形、卵状椭圆形或披针形，两侧略不对称，顶部急尖或短尖，常有凹口，油点多，干后半透明且常微凸起，间有窝状凹陷，叶面常有刚毛状细刺，中脉凹陷，叶缘有疏离而浅的钝裂齿。花序顶生；花被片 5～8 片，狭披针形、宽卵形或近于三角形，大小及形状有时不相同，淡黄绿色；雄花的雄蕊 5~8（~10）枚，花丝及半圆形凸起的退化雌蕊均淡绿色，药隔顶端有 1 干后暗褐黑色的油点；雌花的花被片为狭长披针形；心皮 2~3 个，花柱斜向背弯。果红褐色，分果瓣基部变狭窄且略延长 1~2mm 呈柄状，油点多，微凸起。花期 3~5 月，果期 7~9 月。

【生长习性】

土壤条件：生于山坡疏林中，干燥及湿润地均能生长。

分布地点：产青海、甘肃、山东、河南、安徽、江苏、浙江、湖北、江西、台湾、福建、湖南及贵州东北部。见于平地、低丘陵或略高的山地疏或密林下，喜阳光，耐干旱。

【食用部位及食用方法】根、叶、果实。以根、叶入及果实药。果实秋末冬初采摘，晒干。

【价值】果、叶、根供药用，为散寒健胃药，有止吐泻和利尿作用，又能提取芳香油及脂肪油；叶和果是食品调味料。野花椒是一种有种植潜力的植物。

24. 枳

【学名】_Poncirus trifoliata_（L.）Raf.

【别名】枸橘、枳壳、臭橘。

【科属】芸香科 Rutaceae 枳属 _Poncirus_。

【识别特征】小乔木，高 1~5m，树冠伞形或圆头形。枝绿色，嫩枝扁，有纵棱，刺尖干枯状，红褐色，基部扁平。叶柄有狭长的翼叶，通常指状 3 出叶，很少 4~5 小叶，或杂交种的则除 3 小叶外尚有 2 小叶或单小叶同时存在，小叶等长或中间的一片较大，对称或两侧不对称，叶缘有细钝裂齿或全缘，嫩叶中脉上有细毛，花单朵或成对腋生，先叶开放，也有先叶后花的，有完全花及不完全花，后者雄蕊发育，雌蕊萎缩，花有大、小二型；花瓣白色，匙形；雄蕊通常 20 枚，花丝不等长。果近圆球形或梨形，大小差异较大，果顶微凹，有环圈，果皮暗黄色，粗糙，也有无环圈，果皮平滑，油胞小而密，果心充实，瓤囊 6～8 瓣，汁胞有短柄，果肉含黏胶，微有香橼气味，甚酸且苦，带涩味，有种子 20～50 粒；种子阔卵形，乳白或乳黄色，有黏胶，平滑或间有不明显的细脉纹。花期 5～6 月，果期 10～11 月。

【生长习性】

气候条件：喜光，喜温暖湿润气候，较耐寒，能耐 -28～-20℃ 的低温。

土壤条件：喜微酸性土壤，不耐碱。

分布地点：产山东（日照、青岛等）、河南（伏牛山南坡及河南南部山区）、山西（晋城、阳城等县）、陕西（西乡、南郑、商县、蓝田等县）、甘肃（文县至成县一带）、安徽（蒙城等县）、江苏（泗阳、东海等县）、浙江、湖北（西北部山区及西南部）、湖南（西部山区）、江西、广东（北部栽培）、广西（北部）、贵州、云南等地。

【食用部位及食用方法】果实。成熟后直接食用或取皮晒干后泡水喝。枳也可以泡酒，解酒毒。

【栽培技术】

繁殖方法：扦插繁殖。在 6～7 月份采取当年生半木质化、生长良好且无病虫害的枝条，剪成 15cm 左右的插条，插入培养土中，适当遮阴。湿度要保持在 70% 以上，45 天左右即可生根。

土地要求：选择光照充足，土壤肥沃，通气良好的微酸性土壤。

植株管理：冬季，幼苗越冬要采取防寒措施，用稻草扎捆，成株则没必要做以上工作。

肥水管理：春季萌芽时施一次三要素复合肥，坐果后也应追施 2～3 次圈肥，间隔时间为 20 天左右。其根系浅，高温时要及时浇水，水多时要及时排除。

【价值】枳有降低心肌氧耗量、抗变态作用，还有治疗淋巴结炎、牙痛等特殊的药用价值。

25. 棕　榈

【学名】*Trachycarpus fortunei*（Hook.）H. Wendl.

【别名】唐棕、拼棕、中国扇棕。

【科属】棕榈科 Arecaceae 棕榈属 *Trachycarpus*。

【识别特征】乔木状，高 3～10m 或更高，树干圆柱形，被不易脱落的老叶柄基部和密集的网状纤维，除非人工剥除，否则不能自行脱落，裸露树干直径 10～15cm 甚至更粗。叶片呈 3/4 圆形或者近圆形，深裂成 30～50 片具皱折的线状剑形，裂片先端具短 2 裂或 2 齿，硬挺甚至顶端下垂；两侧具细圆齿，顶端有明显的戟突。花序粗壮，多次分枝，从叶腋抽出，通常是雌雄异株。具有 2～3 个分枝花序，一般只二回分枝；雄花无梗，每 2～3 朵密集着生于小穗轴上，也有单生的；黄绿色，卵球形，钝三棱；花萼 3 片，卵状急尖，几分离，花冠约 2 倍长于花萼，花瓣阔卵形，雄蕊 6 枚，花药卵状箭头形；其上有 3 个佛焰苞包着，具 4～5 个圆锥状的分枝花序，下部的分枝花序长约 35 厘米，2～3 回分枝；雌花淡绿色，通常 2～3 朵聚生；花无梗，球形，着生于短瘤突上，萼片阔卵形，3 裂，基部合生，花瓣卵状近圆形，长于萼片 1/3，退化雄蕊 6 枚，心皮被银色毛。果实阔肾形，有脐，成熟时由黄色变为淡蓝色，有白粉，柱头残留在侧面附近。种子胚乳均匀，角质，胚侧生。花期 4 月，果期 12 月。

【生长习性】

气候条件：喜温暖和湿润，极耐寒，较耐阴。

土壤条件：适生于排水良好、湿润肥沃的中性、石灰性或微酸性土壤，耐轻盐碱，也耐一定的干旱与水湿。

海拔条件：海拔 300～1500m，西南地区可达 2700m。

分布地点：分布于长江以南各省份。通常仅见栽培于四旁，罕见野生于疏林中；在长江以北虽可栽培，但冬季茎须裹草防寒。日本也有分布。

【食用部位及食用方法】果实、花。果实比较嫩时剥下，去壳洗干净后和肉炒食。棕榈花沸水煮后，冷水漂洗，凉拌即可，也可以炒食或煮食。

【栽培技术】

繁殖方法：种子繁殖。选 10 ~ 15 年生，树干粗、叶片宽大、棕片长、棕丝粗无病虫害的健壮母树采种，种晒干后，贮藏于通风干燥的地方，或用湿沙混合贮藏，贮存时间不超过 1 年，1 年以后发芽率逐渐降低，最好随采随播。每千克约 2890 粒，发芽率 80% 左右。选择排水良好的湿润土壤，施足基肥，整地作床；床面平整后，开沟条播，沟距 20cm，播后覆土 2cm，上盖稻草，搭遮阳网遮阴。播种量 15kg/亩。

植株管理：出苗后注意除草。间苗一次，使株距保持在 10cm 左右。成片造林株行距以 2m×2m 为宜，每亩 166 株。定株塘 50cm×50cm×50cm。雨季时选择阴天、小雨天定植，定植时根系要向四方散开。定植 1 个月后，需进行查苗补缺。定植后 2 ~ 3 年内，要注意加强管理，每年在 5 月和 8 月松土除草，但要注意不要伤及根系。

肥水管理：棕榈不喜欢积水，因此水肥管理时要注意浇水量。除每天浇水 2 次外，还要对叶面及茎干周围喷水，以防叶尖枯黄。土壤中应该混入腐熟有机肥，此外也可以混入磷肥。

【价值】本种在南方各地广泛栽培，主要剥取其棕皮纤维（叶鞘纤维），作绳索，编蓑衣、棕绷、地毡，制刷子和作沙发的填充料等；嫩叶经漂白可制扇和草帽；未开放的花苞又称"棕鱼"，可供食用；棕皮及叶柄（棕板）煅炭入药有止血作用，果实、叶、花、根等亦入药；此外，棕榈树形优美，也是庭园绿化的优良树种。

26. 三叶木通

【学名】_Akebia trifoliata_ Thunb.）Koidz

【别名】八月瓜藤、三叶拿藤、八月楂。

【科属】木通科 Lardizabalaceae 木通属 _Akebia_。

【识别特征】落叶木质藤本。茎皮灰褐色，有稀疏的皮孔及小疣点。掌状复叶互生或在短枝上簇生；叶柄直；小叶 3 片，纸质或薄革质，卵形至阔卵形，先端通常钝或略凹入，具小凸尖，基部截平或圆形，边缘具波状齿或浅裂，上面深绿色，下面浅绿色；侧脉每边5~6条，与网脉同在两面略凸起。总状花序自短枝上簇生叶中抽出，下部有 1~2 朵雌花，以上约有 15~30 朵雄花；总花梗纤细。雄花：花梗丝状；萼片 3，淡紫色，阔椭圆形或椭圆形；雄蕊 6，离生，排列为杯状，花丝极短，药室在开花时内弯；退化心皮 3，长圆状锥形。雌花：花梗稍较雄花的粗；萼片 3，紫褐色，近圆形，先端圆而略凹入，开花时广展反折；退化雄蕊 6 枚或更多，长圆形，无花丝；心皮 3~9枚，离生，圆柱形，直，柱头头状，具乳凸，橙黄色。果长圆形，直或稍弯，成熟时灰白略带淡紫色；种子极多数，扁卵形，种皮红褐色或黑褐色，稍有光泽。花期 4~5 月，果期 7~8 月。

【生长习性】

土壤条件：喜微碱性、湿润、腐殖质多的山地土壤。

分布地点：产于河北、山西、山东、河南、陕西南部、甘肃东南部至长江流域各省份。生于海拔 250~2000m 的山地沟谷边疏林或丘陵灌丛中。日本也有分布。

【食用部位及食用方法】果实。果实中的浆肉甜香浓郁，将成熟的果肉倒出，用冷开水冲饮，能清热利尿，且香甜可口。取食果肉后的果皮用清水洗净切成丝，晒干或烘干后贮存于铁盒中作保键茶用。

【栽培技术】

繁殖方法：种子繁殖。三叶木通种子在 9 月底成熟，10 月上、中旬采种选择熟透或已经开口的果实。将采摘来的浆果水洗搓去果肉，用湿润河沙搅拌（种子∶河沙 = 1∶4），在 10 月至 11 月室温条件下储藏 30~35 天。让种子完成形态后熟作用和层积发芽。待种胚突破种皮能见种芽后，择晴天播种。三叶木通播种以 12 月底或次年 1 月上、中旬为宜，过早易遭受鼠害，过迟生长不良。沿开沟撩壕沟的两边条播或穴播，播种要均匀，保持粒距5cm 左右，盖火土灰3cm 厚，最后盖草保湿，出苗时撤除。

植株管理：春分前后，三叶木通抽梢之前移栽。如果因移栽田未空只能在 9 ~ 10 月移栽时，应注意做好两件工作：一是苗床管理。春分之后，三叶木通实生苗会抽梢攀缘，应在苗床内扦插小竹竿，供三叶木通茎藤攀缘；否则会导致各单株新梢之间相互缠绕，严重影响三叶木通茎藤生长。二是连带小竹竿起苗。起苗时应连小竹竿同时挖起，逐株修剪后定植；起苗和修剪过程中，一定要尽量减少对三叶木通茎藤的伤害。

肥水管理：分别在 3 月上旬萌芽前和 6 ~ 7 月植株生长中期（果实膨大期）进行，一般在定植后，第 1 次追肥，在每株两侧追速效性氮、钾肥，距植株 30cm 以内范围，用锄、锹开挖浅沟，把肥撒于沟内，立即浇小水，以水送肥，追施速效性磷、钾肥。其配比是氮∶磷∶钾 = 1.99∶1.34∶3.61 = 3∶2∶4；取置信上限时，其配比为 = 2.22∶1.48∶3.78 = 3∶2∶4。

采收：应在 9 ~ 10 月果实成熟时，摘下果实。

【价值】根、茎和果均入药，利尿、通乳，有舒筋活络之效，治风湿关节痛；果也可食及酿酒；种子可榨油。

27. 木　通

【学名】*Akebia quinata*（Houtt.）Decne.

【别名】五叶木通。

【科属】木通科 Lardizabalaceae 木通属 *Akebia*。

【识别特征】落叶木质藤本。茎纤细，圆柱形，缠绕，茎皮灰褐色，有圆形、小而凸起的皮孔；芽鳞片覆瓦状排列，淡红褐色。掌状复叶互生或在短枝上簇生，通常有小叶 5 片，偶有 3 ~ 4 片或 6 ~ 7 片；叶柄纤细；小叶纸质，倒卵形或倒卵状椭圆形，先端圆或凹入，具小凸尖，基部圆或阔楔形，上面深绿色，下面青白色；中脉在上面凹入，下面凸起，侧脉每边 5 ~ 7 条，与网脉均在两面凸起；小叶柄纤细。伞房花序式的总状花序腋生，疏花，基部有雌花 1 ~ 2 朵，以上 4 ~ 10 朵为雄花；着生于缩短的侧枝上，基部为芽鳞片所包托；花略芳香。雄花：花梗纤细；萼片通常 3 有时 4 片或 5 片，淡紫色，偶有淡绿色或白色，兜状阔卵形，顶端圆形；雄蕊 6(7)，离生，初时直立，后内弯，花丝极短，花药长圆形，钝头；退化心皮 3~6 枚，小。雌花：花梗细长；萼片暗紫色，偶有绿色或白色，阔椭圆形至近圆形，长 1~2cm，宽 8~15mm；心皮 3~6(9) 枚，离生，圆柱形，柱头盾状，顶生；退化雄蕊 6~9 枚。果孪生或单生，长圆形或椭圆形，成熟时紫色，腹缝开裂；种子多数，卵状长圆形，略扁平，不规则地多行排列，着生于白色、多汁的果肉中，种皮褐色或黑色，有光泽。花期 4~5 月，果期 6~8 月。

【生长习性】

气候条件：喜阴湿，较耐寒，常生长在低海拔山坡林下草丛中。

土壤条件：在微酸、多腐殖质的黄壤中生长良好，也能适应中性土壤。

分布地点：产于长江流域各省份。生于海拔 300~1500m 的山地灌木丛、林缘和沟谷中。日本和朝鲜也有分布。

【食用部位及食用方法】果实。成熟果实可食用，色、香、味俱佳。果实晒干后，切成薄片入药。

【栽培技术】

繁殖方法：多采用种子繁殖。在 3 月中旬，把种子埋入塑料大棚地沟内，盖土 4~6cm 厚，经常洒水，保持湿润。待种子有 30% 左右裂嘴、露白时取出，这时便可以播种。或者在播种前半月，取出种子用水洗净，放入布袋或瓦盆中，上盖湿纱布，置塑料大棚内，每天用温水冲洗 1 次。风干种子直接播种。适宜种植时间为 4~10 月。选阴雨天或晴天下午太阳偏斜时，按行距 20~25cm 开沟条播，株距可依土质肥瘠、管理粗细、排灌难易而定。种子播入沟内后，覆土 2~3cm，镇压即可。

植株管理：幼苗出土后，要及时撤除盖头草，并除草、间苗。第一片真叶全展后，按株距 6cm 定苗。三叶木通修剪能极显著地提高先年母茎的粗度和材积，提高当年木通药材产量和质量。结合新梢引上搭架第一道铁丝、绑在第二道铁丝和剪掉超过第二道铁丝相互缠绕结团的小茎等田间管理工作进行。5 月中旬，每条先年母茎选留 2~3 个新梢，第 4 ~ 8 束幼叶时摘掉新梢茎尖，称为 4/4 修剪或 2/8 修剪。5 月中、下旬间隔 5 天左右修剪 1 次。

肥水管理：追肥 2 ~ 3 次，结合施肥再除草松土 2 ~ 3 次。2 月 9 日施萌芽肥，3 月 30 日施春梢肥，5 月 20 日施夏梢肥。施纯氮 1199 ~ 2122kg/100m^2，纯磷 1134 ~ 1148kg/100m^2，纯钾 2161 ~ 2178kg/100m^2。氮∶磷∶钾（3∶2∶4）。

【价值】茎、根和果实药用，利尿、通乳、消炎，治风湿关节炎和腰痛；果味甜可食；种子可榨油，也可制肥皂。

28. 山茱萸

【学名】*Cornus officinalis* Sieb. et Zucc.

【别名】山萸肉、药枣、枣皮、蜀酸枣。

【科属】山茱萸科 Cornaceae 山茱萸属 *Cornus*。

【识别特征】落叶乔木或灌木，高 4 ~ 10m；树皮灰褐色；小枝细圆柱形，无毛或稀被贴生短柔毛；冬芽顶生及腋生，卵形至披针形，被黄褐色短柔毛。叶对生，纸质，卵状披针形或卵状椭圆形，先端渐尖，基部宽楔形或近于圆形，全缘，上面绿色，无毛，下面浅绿色，稀被白色贴生短柔毛，脉腋密生淡褐色丛毛，中脉在上面明显，下面凸起，近于无毛，弓形内弯；叶柄细圆柱形，上面有浅沟，下面圆形，稍被贴生疏柔毛。伞形花序生于枝侧，有总苞片 4，卵形，厚纸质至革质，带紫色，两侧略被短柔毛，开花后脱落；总花梗粗壮，微被灰色短柔毛；花小，两性，先叶开放；花萼裂片 4，阔三角形，与花盘等长或稍长，无毛；花瓣 4，舌状披针形，黄色，向外反卷；雄蕊 4，与花瓣互生，花丝钻形，花药椭圆形，2 室；花盘垫状，无毛；子房下位，花托倒卵形，密被贴生疏柔毛，花柱圆柱形，柱头截形；花梗纤细，密被疏柔毛。核果长椭圆形，红色至紫红色；核骨质，狭椭圆形，有几条不整齐的肋纹。花期 3 ~ 4 月，果期 9 ~ 10 月。

【生长习性】

海拔条件：生于海拔 400 ~ 1500m，稀达 2100m 的林缘或森林中。

分布地点：产山西、陕西、甘肃、山东、江苏、浙江、安徽、江西、河南、湖南等地。在四川有引种栽培。朝鲜、日本也有分布。

【食用部位及食用方法】果肉。山萸肉粥有补益肝肾、涩精敛汗之功效，做法为：先将山萸肉洗净，去核，与粳米同入沙锅煮粥，待粥将熟时，加入白糖，稍煮即成。

【栽培技术】

繁殖方法：①种子繁殖。春、秋两季均可，但以 10～11 月份秋播为好。条播行距 7～10cm，深度 3～5cm，播种密度为 5 万～6 万株/亩，播后用火土灰或细土覆盖，厚度为 3～5cm，在其上再盖一层树枝干草，厚 2～3cm，出苗后揭去。②压条繁殖。秋季采果后，春季萌芽前。选 10 年以上的健壮优良母株，将离地较近的 2～4 年生的侧枝，环剥深达木质部后压条。

土壤选择：育苗地应选择肥沃、湿润、疏松的壤土。

植株管理：幼苗 4～5 片真叶时，间苗 1 次，苗期中耕除草 3～4 次，追肥 3～4 次，平时注意松土。干旱时需浇水，苗高 80cm 后进行定植。苗木定植成活后，要进行嫁接。每年还要中耕除草 4～5 次。

肥水管理：结合中耕除草进行追肥。每株施堆肥 10～15kg 和过磷酸钙 1～3kg。成年树结果后，于春季展叶后，每隔 15～20 天施用 1 次尿素。3～4 月份追施"保果肥"，7 月份追施"壮果肥"。此外在盛长期及幼果期每隔 15 天用 0.2% 磷酸二氢钾或 0.3% 尿素交替进行叶面喷肥。

【价值】山茱萸为秋冬季观果佳品，在园林绿化中很受欢迎。山茱萸含挥发油、有机酸和环烯醚萜苷类等多种化学成分，具有多种药理活性。对心功能及血流动力学的影响，抗菌、抗炎等作用。近年的研究发现，山茱萸具有抗休克、强心，抗心律失常，抗氧化、抗衰老，抗癌、抗艾滋病和治疗不育症等作用。山茱萸营养丰富，具有提高细胞免疫功能和抗疲劳等保健作用。

29. 文冠果

【学名】*Xanthoceras sorbifolium* Bunge

【别名】文冠木、文官果、土木瓜、木瓜、温旦革子。

【科属】无患子科 Sapindaceae 文冠果属 *Xanthoceras*。

【识别特征】落叶灌木或小乔木，高 2～5m；小枝粗壮，褐红色，无毛，顶芽和侧芽有覆瓦状排列的芽鳞。小叶 4～8 对，膜质或纸质，披针形或近卵形，两侧稍不对称，顶端渐尖，基部楔形，边缘有锐利锯齿，顶生小叶通常 3 深裂，腹面深绿色，无毛或中脉上有疏毛，背面鲜绿色，嫩时被绒毛和成束的星状毛；侧脉纤细，两面略凸起。花序先叶抽出或与叶同时抽出，两性花的花序顶生，雄花序腋生，直立，总花梗短，基部常有残存芽鳞；花瓣白色，基部紫红色或黄色，有清晰的脉纹，爪之两侧有须毛；花盘的角状附属体橙黄色，花丝无毛；子房被灰色绒毛。种子黑色而有光泽。花期春季，果期秋初。

【生长习性】

气候条件：喜光，耐半阴，耐严寒和干旱，不耐涝。

土壤条件：肥沃、深厚、疏松、湿润而通气良好的土壤生长好。

分布地点：我国产北部和东北部，西至宁夏、甘肃，东北至辽宁，北至内蒙古，南至河南。野生于丘陵山坡等处，各地也常栽培。

【食用部位及食用方法】果、花。果实经蒸煮后作蜜饯，花可为糖制酱的佐料。

【栽培技术】

繁殖方法：①分株繁殖。主要是分栽母株上发出的根蘖苗，成活率很高。根插方法：用 3～5mm 粗的根剪成 15～20cm 长的根段，斜埋入土即可长出新苗，根插可用移植时修剪和挖断的残根，边剪边插。②嫁接繁殖。主要用来繁殖优良栽培品种和观赏型品种，砧木用实生苗播种，是文冠果繁殖的主要方法。③种子繁殖。春播可在 4 月上中旬，播种量 225～300kg/hm²，苗畦宽 1.0～1.2m，条播，行距20～25cm，株距 10～15cm，播种时种脐要平放，以利扎根，播后覆土2～

3cm，轻微镇压。秋季播种，种子无需处理，直接播种。以腐熟土杂肥作基肥，播后浇透墒水。

植株管理：文冠果的根蘖萌发力非常强，严重时会影响生长发育和冠形。因此，要结合中耕除草，随时除蘖。文冠果3～4年即可开花结果。为了便于采收果实，要采取矮干主枝形的整枝。花前追施氮肥，果实膨大期施磷、钾肥，可保花、保果。在新梢生长、开花坐果及果实膨大期，还应适当灌水，可促进生长发育，获得稳产、高产。

肥水管理：苗圃地比较肥沃的，要少施氮肥，多施磷钾肥，以免徒长、倒伏。根据文冠果苗木根系的生长规律，追肥宜早，最晚不得迟于6月上旬，施磷、钾肥45kg/hm^2、草木灰135kg/hm^2。

【价值】文冠果是我国特有的一种优良木本食用油料树种。文冠果种子含油率为30%～36%，种仁含油率为55%～67%。其中不饱和脂肪酸中的油酸占52.8%～53.3%，亚油酸占37.8%～39.4%，易被人体消化吸收。文冠果油在常温下为淡黄色、透明，无杂质，气味芳香，芥酸含量低(2.7%～7.9%)，能长时间贮藏，可制多种维生素，提取蛋白质和氨基酸；对高血压、血管硬化、疳石症、风湿症、神经性遗尿症和消炎止痛等均有一定疗效。文冠果油含碘值125.8、双烯值0.45，属半干性油，亦是制造油漆、机械油、润滑油和肥皂的上等原料。果皮可以提取糠醛，种皮可制活性炭，花味甘可食，叶子经加工可作饮料，油渣经加工可作精饲料等。同时文冠果又是改善生态环境、绿化、美化国土的一种优良树种。

六、种子篇

1. 梧　桐

【学名】*Firmiana platanifolia*（L. f.）Marsili

【别名】青桐、桐麻。

【科属】梧桐科 Sterculiaceae 梧桐属 *Firmiana*。

【识别特征】落叶乔木，高达 16m；树皮青绿色，平滑。叶心形，掌状 3~5 裂，裂片三角形，顶端渐尖，基部心形，两面均无毛或略被短柔毛，基生脉 7 条，叶柄与叶片等长。圆锥花序顶生，花淡黄绿色；萼 5 深裂几至基部，萼片条形，向外卷曲，外面被淡黄色短柔毛，内面仅在基部被柔毛；花梗与花几等长；雄花的雌雄蕊柄与萼等长，下半部较粗，无毛，花药 15 个不规则地聚集在雌雄蕊柄的顶端，退化子房梨形且甚小；雌花的子房圆球形，被毛。蓇葖果膜质，有柄，成熟前开裂成叶状，外面被短茸毛或几无毛，每蓇葖果有种子 2~4 个；种子圆球形，表面有皱纹，直径约 7mm。花期 6 月。

【生长习性】

气候条件：温带气候，喜光，喜温暖湿润的气候，耐寒性不强。

土壤条件：喜肥沃、湿润、土层深厚、地面排水良好、含钙丰富的酸性、中性及钙质土，不宜在积水洼地或盐碱地种植，不耐草荒；根肉质，不耐涝，积水易烂根，受涝即死亡；通常在平原、丘陵、山沟及山谷生长良好。

分布地点：产我国南北各省份，从广东海南岛到华北均产之。也分布于日本。多为人工栽培。

【**食用部位及食用方法**】种子、花。种子炒食或油炸，花水烫、浸泡后炒食。

【**栽培技术**】

繁殖方法：①种子繁殖。采集的果实可堆放于室内，晾干后剥取种子。晒干后的种子当年秋季可以播种。翌年春播也是不错的选择，不过要进行干藏或沙藏处理。作成南北向的 1m 宽的苗床。梧桐种子为中粒，多采用条播。每公顷播种量为 250～300kg。播后覆土厚度为 1～1.5cm，3 周左右便可出苗。②扦插繁殖。梧桐的扦插育苗主要是用硬枝扦插，有时也用嫩枝扦插。春秋两季均可进行硬枝扦插，但以秋季插条，翌春移植的效果良好。嫩枝扦插一般在夏季进行。从适应本地区的优良品种的优良单株上选择发育阶段年青，生长健壮的营养枝作为插穗。在室内剪成 8～10cm 长，具 3～4 个节，顶端保留 1 对完好的叶片，每 50～100 根捆成 1 捆，下端整齐，以 50～100mg/kg 的吲哚乙酸或奈乙酸的溶液处理插穗 12～24h。扦插土壤可选用河沙或蛭石，经过消毒再用。插条密度一般为行距 10cm，株距 5cm。垂直插入，扦插深度为插穗长度的 2/3 左右，插后压紧，喷水湿透。

植株管理：梧桐幼苗生长缓慢，应注意除草松土和追肥，以加速苗木的生长。到秋季苗木落叶后即可将苗掘起入沟假植，由于梧桐幼苗根部为肉质根，含水量大，假植时很易生霉腐烂，故假植时最好用活窖假植越冬，或用浅沟假植。另外，假植时苗木不可排列过紧，并以砂土填埋根部，封沟时上部可使用一般土壤。假植时还需经常进行检查，特别是入春以后更应检查及时，如发现有霉烂时应及时剔出并倒沟消毒。到春季栽植时，由于梧桐幼苗发芽较迟，一般应在 4 月上、中旬再行栽植，以减少栽后哨条现象。一般移植后，再培育 4～5 年，苗干即可达 4～5cm 以上，达到出圃标准。

肥水管理：播种前施入基肥非常重要。同时注意追肥，以加速苗木的生长。施肥以基肥为主，追肥为辅，每年施肥 2～3 次，在磷肥作基肥的同时，应以速效氮肥为主，配合钾肥。在干旱或天气干燥时，须及时灌溉。灌溉最好用浸润法，在晚间引水，次晨将水排出，勿使积滞，但当水源不足的情况时，宜采用浇灌法。及时排水对梧桐十分重要，否则会出现烂根的现象。

【价值】观赏价值：梧桐树冠卵圆，树干端直，树皮光滑，叶翠枝青；叶大美丽，绿荫浓密，且秋季转为金黄色，洁净可爱，为优良的庭荫树和行道树，是我国传统的风景树和庭荫树，适于草坪、庭院、宅前、坡地、草地、湖畔孤植、丛植或列植。在南方园林中，与棕榈、竹子、芭蕉等配植，点缀假山石园景，协调古雅，具有我国民族风格。梧桐对二氧化硫和氟化氢有较强的抗性，是居民区、工厂区绿化的好树种。梧桐种子、叶、花、根皮等均可入药。梧桐子(梧桐的种子)味甘、平，叶苦、寒，根淡、平，子可顺气、和胃、消食，叶治风湿疼痛、腰腿麻木，可杀蝇蛆，根能祛风湿、和血脉、通经络。食用种子营养丰富，可炒食或榨油。用材：木材色白，质轻、韧、软，适宜做箱匣、乐器、家具等用材；干材通直，强度中等，也可做民用建筑的屋梁、桁条等用。工业价值：树皮富含纤维，可作造纸、织绳原料。

2. 板　栗

【学名】*Castanea mollissima* Bl.

【别名】栗、中国板栗、栗子。

【科属】壳斗科 Fagaceae 栗属 *Castanea*。

【识别特征】高达 20m 的乔木，胸径 80cm，小枝灰褐色，托叶长圆形，被疏长毛及鳞腺。叶椭圆至长圆形，顶部短至渐尖，基部近截平或圆，或两侧稍向内弯而呈耳垂状，常一侧偏斜而不对称，新生叶的基部常狭楔尖且两侧对称，叶背被星芒状伏贴绒毛或因毛脱落变为几无毛。花序轴被毛；花 3~5 朵聚生成簇，雌花 1~3 (~5) 朵发育结实，花柱下部被毛。成熟壳斗的锐刺有长有短，有疏有密，密时全遮蔽壳斗外壁，疏时则外壁可见。花期 4~6 月，果期 8~10 月。

【生长习性】

气候条件：适宜的年平均气温为 10.5~21.7℃。

土壤条件：喜欢潮湿的土壤，适宜在 pH 值为 5~6 的微酸性土壤上生长。

分布地点：板栗在我国分布十分广泛，跨越寒带、温带、亚热带，根据板栗对气候生态的适应性分为华北、长江中下游、西北、西南、东南和东北生态栽培区，其中，西南生态栽培区主要分布于云南、贵州、四川、重庆及湘西、桂西北等地。

【食用部位及食用方法】果实、叶。炒熟后去壳食用或去壳后做配菜或者作料食用，也可做栗子粥。由于南北方的栗子各有特点，吃法也不尽相同，北方人将栗子放入粗砂中，加入糖浆炒制成糖炒栗子，香甜美味；南方人则多用栗子做菜煮汤。栗子食用方法很多，可加水熬汤食用，用于病后体虚、四肢酸软；栗子煮粥加白糖食用，具有补肾气、壮筋骨的功效；可每日早晚食用风干栗子数颗，也可将鲜栗子煨熟食用。注意，栗子切不可一次大量食用，否则容易胀肚。

【栽培技术】

繁殖方法：播种繁殖。板栗播种可分为春播和秋播。春播多在每年春分后约3月上中旬进行，这时沟藏的板栗达8～9℃，有些露出白芽头(幼根)即可抓紧播种。秋播多在10月中下旬。秋播的优点是采种后稍加处理即可进行，栗实不用沙藏。由于栗实在大田中时间较长，容易受外界气候及病虫的损害，影响出苗率，所以一般都采用春播。畦播和直播是播种的两种方法。直播是直接按预定株行距播种建园，不建立圃地，效果较差，而且管理极为不便。目前多采用畦播，集中进行培育。为培养根系发达、生长健壮的苗木，圃地应选择地势平缓、土层肥沃、深厚、排水良好的砂壤土。进行深翻改土，施足底肥，整成宽1m的畦，浇透水，待土壤稍干松动后，按行距80cm开沟，沟深4～5cm，按株距15cm左右点播，随播随覆土，厚度约3cm。播种种子要平放或横放，不要将种尖朝上或朝下，以利于初生根茎的伸长。

土壤要求：栗园应选择排水良好的砂质壤土。土壤酸性，忌盐碱。

植株管理：播种后应覆盖地膜或畦面覆草，防止畦面龟裂而蒸发水分，有利于种子萌发。幼苗出齐后，可浇水1次，保证幼苗生长对水分的需求，以后根据土壤旱情及时浇水。幼苗生长一段时间后会长出许多杂草，要及时中耕除草，以保持土壤疏松和适宜墒情。栗树树形以自然开心形为主，修剪形成骨干枝数量适中，树冠通气透光。冬剪，也叫休眠期修剪，在树木停止生长后，对栗树冠形进行修剪，剪去徒长枝和多余的枝干。从而减少养分的浪费。

肥水管理：基肥。施基肥时间在秋季采果后，以有机肥为主，在深翻改良土壤时一并施入。有机肥料包括腐熟人畜粪、土杂肥、腐熟饼肥等，每株成树平均施 15～20 kg。追肥，一年追施 2 次，第 1 次 3 月底至 4 月中旬萌芽前后追雌花花肥，以速效氮肥为主；第 2 次在 7 月下旬至 8 月下旬花后果实膨大初期及时追肥，可促进果实膨大，提高产量和品质，以含氮、磷、钾丰富的复合肥为主。

【价值】栗子除富含淀粉外，尚含单糖与双糖、胡萝卜素、硫胺素、核黄素、尼克酸、抗坏血酸、蛋白质、脂肪、无机盐类等营养物质。栗木的心材黄褐色，边材色稍淡，心边材界限不甚分明。纹理直，结构粗，坚硬，耐水湿，属优质材。壳斗及树皮富含没食子类鞣质。叶可作蚕饲料。

3. 高山栲

【学名】*Castanopsis delavayi* Franch.

【别名】刺栗、毛栗、白栗(云南)，滇锥栗、高山锥。

【科属】壳斗科 Fagaceae 锥属 *Castanopsis*。

【识别特征】乔木，高达20m，胸径60cm，幼龄树的树皮略平滑，大树的树皮深裂且较厚，块状剥落，小枝及果序轴散生微凸起、与枝色相近而带灰白色的皮孔，枝、叶及花序轴均无毛。叶近革质，干后略硬而脆，倒卵形、倒卵状椭圆形或同时兼有卵形或椭圆形的叶，顶部甚短尖或圆，基部短尖或近于圆，叶缘常自中部或下部起有锯齿状，很少为波浪状疏裂齿，中脉在叶面细肋状凸起，侧脉亦常微凸，每边 6～9 条，支脉甚纤细，嫩叶叶背有黄棕色、糠秕状略松散的腊鳞层，成长叶呈灰白或银灰色；雄穗状花序很少单穗腋生，花序轴无或几无毛；雄花的雄蕊 12、稀 10 枚；雌花序轴无毛，花柱 3。稀 2 枚，幼嫩壳斗通常椭圆形，成熟壳斗阔卵形或近圆球形，基部具狭而略长的柄，斜向上升着生于果序轴上，2 或 3 瓣开裂，连刺离生或在基部合生及稍横向连生成圆或螺旋形 3 ~ 5 个刺环，很少合生至中部或中部稍上而具短小的鹿角状分枝，壳壁及刺被黄棕色蜡鳞及伏贴的微柔毛；坚果阔卵形，顶端柱座四周有稀疏细伏毛，果脐在坚果的底部。花期 4 ~ 5 月，果次年 9 ~ 11 月成熟。

【生长习性】

分布地点：产四川西南部、云南、贵州西南部。生于海拔 1500 ~ 2800m 山地杂木林中，常为亚高山松栎林的主要树种，有时成小片纯林。

【食用部位及食用方法】果实、叶。炒熟后去壳食用或去壳后做配菜或者作料食用。

【价值】木材黄棕色，有少量宽木射线，材质坚重，强度大，耐水湿，适作桩、柱、建筑及家具材。医药用途：根、茎皮：辛、涩、微苦，平，有收敛、止泻、解毒的功效，用于泄泻。果实：用于心悸、耳鸣、腰痛。

参考文献

1. 吴成勇，刘济明，黄光太，等．贵州省常用木本蔬菜资源初探[J]．山地农业生物学报，2009，28(6)：535～539．

2. 李海茹，李德生，李晓晶，等．几种木本蔬菜的食用价值和经济效益分析[J]．北方园艺，2012，(5)：193～195．

3. 马丽莎．四川省的木本蔬菜资源[J]．四川林业科技，2000，21(2)：76～78．

4. 汪有科，盛义保，陈书文，等．我国野生木本蔬菜资源开发利用现状及其发展前景[J]．西北林学院学报，2001，16(3)：37～41．

5. 李莲芳，孟梦，温琼文，等．云南热区的5种木本森林蔬菜及其培育技术[J]．西部林业科学，2005，34(1)：9～14．

6. 秦飞，王振营，林勇，等．中国常见木本蔬菜资源及其利用[J]．世界林业研究，2005，18(1)：55～59．

7. 李月文，曹纯武，周飞，等．重庆6种木本蔬菜培育技术研究[J]．中国林副特产，2013，(5)：50～52．

8. 高尚土．最佳绿色食品——木本蔬菜[J]．吉林林业科技，1995，(2)：62．

9. 吴东霞，吴怀志．八角栽培技术[J]．现代农业科技，2012，(8)：218～219．

10. 杨恒，曾凡景，郭甜，等．百里香研究进展[J]．中国野生植物资源，2012，31(2)：4～6．

11. 员铭, 吕国华. 百里香应用价值研究[J]. 安徽农学通报, 2007, 13(2): 89~91.

12. 唐保林, 马兰萍. 刺槐的特征特性及其栽培技术[J]. 现代农业科技, 2011, (22): 231~232.

13. 丁艳芳. 葛藤的价值及其开发前景[J]. 西北林学院学报, 2003, 18(3): 86~89.

14. 郑皓. 葛藤栽培技术[J]. 河南林业科技, 2006, 26(1): 52~53.

15. 陈默君, 李昌林, 祁永. 胡枝子生物学特性和营养价值研究[J]. 自然资源, 1997, (2)2: 74~80.

16. 程子卿. 胡枝子栽培技术[J]. 中国西部科技, 2011, 10(17): 46~47.

17. 刘立波, 张志环, 王清君. 施肥对饲用胡枝子生长及产量的影响[J]. 东北林业大学学报, 2009, 37(2): 19~21.

18. 倪臻, 王凌晖, 吴国欣, 等. 降香黄檀引种栽培技术研究概述[J]. 福建林业科技, 2008, 35(2): 265~268.

19. 罗小青. 药用锦鸡儿栽培技术[J]福建农业, 2012, (05): 15~16.

20. 潘胜利. 紫藤花. 园林, 2009, (4): 72~73.

21. 黄广礼, 黄治华. 紫藤栽培技术[J]. 云南农业, 2003, (12): 8~9.

22. 周金明. 大叶冬青栽培技术[J]. 现代农业科技, 2009, (5): 58~59.

23. 周艳, 李朝蝉, 周洪英, 等. 大白杜鹃扦插繁殖技术研究[J]. 种子, 2012, 31(4): 124~126.

24. 姚明寅. 珍珠花丰产栽培技术[J]. 林业实用技术, 2009, (4): 52~53.

25. 俞志成. 杜仲的价值与几种育苗技术[J]. 林业经济, 2001, (1): 62~63.

26. 朱晓亮. 杜仲栽培技术[J]. 现代农业科技, 2010, (9): 144~145.

27. 赵永浩, 李超飞, 郭军军, 等. 合欢树的综合应用价值分析[J]. 陕西农业科学, 2012, (6): 77~78.

28. 周国生，张海玉，韩彩娥．合欢栽培技术[J]．现代农业科技，2007，（11）：39～40.

29. 武国华，贺帮钊，麻竹的栽培技术[J]．云南林业，2004，25（3）：16～17.

30. 徐慧琴．毛环竹丰产栽培技术[J]．林业实用技术，2013，（5）：14～16.

31. 张国辉，王超，谢建强．毛竹栽培技术[J]．农技服务，2010，27（5）：643～662.

32. 胡祥林，吴祥福，周黎芳，等．紫竹栽培技术[J]．世界竹藤通讯，2004，2（3）：42～43.

33. 彭德志，彭志光，谭雄伟．水竹栽培技术[J]．湖北林业，2006，（2）：22～23.

34. 曾小荣．木薯栽培技术[J]．现代林业科技，2011，（9）：81～82.

35. 林初潜，潘文斗，李毓敬．守宫木繁殖栽培技术．广东农业科学[J]．1999，（1）：18～20.

36. 王建明．菜用花卉——木槿栽培技术[J]．当代蔬菜，2006，（1）：40～41.

37. 马洪海臭椿生物特性及栽培技术．吉林农业[J]．2011，（12）：192～193.

38. 宋品玉，方国明．蜡梅及其应用价值和栽培技术[J]．浙江大学学报，1999，25（6）：657～660.

39. 王寿红．香椿栽培管理技术[J]．云南农业，2011，（4）：36～38.

40. 刘明义，于勇，李焕广．杠柳栽培试验及其效益[J]．中国水土保持，1990，（4）：33～35.

41. 哈斯巴根，音扎布．蒙古族食用的木本野菜——杠柳[J]．植物杂志，1995，（2）：20～21.

42. 李洪文．野生特色蔬菜南山藤繁苗及其高产栽培技术[J]．耕作与栽培，2004，（5）：55～57.

43. 宋桂全．葛枣猕猴桃的引种栽培与应用[J]．特种经济动植物，2009，（3）：50～51.

44. 赵红军，马旭峰，孔凡春，等. 猕猴桃栽培及利用的研究进展[J]. 落叶果树
1998，(S1)：31～35.

45. 张继永，叶利斌，朱迎东，等. 优良经济植物——豆腐柴及栽培技术[J]. 中
国林副特产，2011，(6)：74～76.

46. 孙景洲，季余金，李玉晏. 白玉兰栽培技术[J]. 中国林业，2010，(19)：44～
45.

47. 刘光林. 名贵花卉紫玉兰栽培技术[J]. 中国林副特产，2012，(4)：61～63

48. 董红江，李玉晏，李玉星. 紫玉兰栽培要点[J]. 中国林业，2007，(22)：60～
61.

49. 刘占朝. 三叶木通研究进展综述[J]. 河南林业科技，2005，25(1)：20～23

50. 罗克明，刘学武，杨永英，等. 三叶木通栽培条件下的生长结果习性[J]. 贵
州农业科学，2008，36(3)：123～124.

51. 谢丽莎，黄茂春，刘寿养. 谈远锋木通科木通栽培技术的研究概况[J]. 医药
世界，2006，(12)：36～38.

52. 张建军. 桂花栽培与管理技术[J]. 农技服务，2013，30(7)：746.

53. 陈碧群. 桂花栽培技术[J]. 现代农业科技，2013，(2)：175～192.

54. 周兴文，毛伟. 女贞的园林应用及栽培管理[J]. 陕西农业科学，2012，(1)：
149～151.

55. 赵晓斌，李灵会，田卫斌，等. 优良的多功能树种——盐肤木的栽培技术[J].
现代园艺，2013，(8)：58～59.

56. 汪松能. 栀子花的栽培与花茶窨制试验[J]. 中国茶叶加工. 2009，(2)：
40～41.

57. 桂炳中，杨红卫，董如义. 华北地区白鹃梅栽培管理[J]. 中国花卉园艺，
2013，(18)：48～49.

58. 张旺军，杨晓盆. 扁核木的开发价值与栽培技术[J]. 山西农业科学，2008，

36(2)：82~83.

59. 邓运川，李素想．棣棠的栽培管理技术[J]．南方农业，2009，3(6)：46~48.

60. 刘字平，王启苗．木瓜栽培技术[J]．现代农业科技，2007，(1)：17~20.

61. 邓云川．海棠花的栽培管理[J]．中国花卉园艺，2008，(8)：34~36.

62. 杨承芬．海棠花栽培技术[J]．农业知识，2010，(32)：47

63. 宋伟．月季栽培管理技术及其在园林中的应用[J]．园艺与种苗，2012，(7)：
    35~37，40.

64. 仲秀芳．玫瑰栽培技术[J]．现代农业科技，2010，(3)：228~229.

65. 李玉舒．几种玫瑰的园林特性及开发价值[J]．北京农业职业学院学报，2010，
    24(6)：25~28.

66. 袁蒲英，宋兴荣．梅花栽培繁殖技术[J]．四川农业科技，2010，(8)：
    37~38.

67. 李世华，方存幸．大果榕[J]．云南农业科技，1994，(1)：45~46.

68. 赵丰．冻绿—中国绿——中国古代染料植物研究之二[J]．中国农史，1988，
    (3)：77~82.

69. 陈恒彬，林国瑞．观赏藤本植物蛇藤的引种栽培及园林应用（简报）[J]．亚
    热带植物科学，2009，38(4)：84.

70. 马兴旗，刘旭升，王和平，等．华山松栽培技术[J]．河南林业科技，2009，29
    (4)：81~84.

71. 郝广明，胡荣，高泰，等．接骨木研究综述[J]．北华大学学报（自然科学版），
    2000，1(2)：167~170.

72. 陈可贵，陈欢，刘传海，等．接骨木栽培技术研究[J]．吉林林学院学报，
    1994，10(1)：43~47.

73. 蔡瑞生．腊肠树育苗及田间栽培技术[J]．绿色科技，2013，8：154~157.

74. 李馨，姜卫兵，翁忙玲．栾树的园林特性及开发利用[J]．中国农学通报，

2009, 25(01): 141~146.

75. 刘少辉. 马尾松栽培技术及应用[J]. 现代农村科技, 2013, (18): 59~60.

76. 张洁, 姜明辉, 罗佳, 等. 民族药旋花茄的生药学研究[J]. 云南中医中药杂志, 2008, 29(5): 63~67.

77. 何春霖. 浅谈云南松的栽培技术[J]. 中国新技术新产品, 2013, 13: 172~173.

78. 张兰桐, 袁志芳, 杜英峰, 等. 山茱萸的研究近况及开发前景[J]. 中草药, 2004, 35(8): 952~955.

79. 张玉洁, 邓建钦, 菅根柱, 等. 省沽油育苗及栽培技术[J]. 林业科技开发, 2001, 15(6): 34~35.

80. 郭碧瑜, 周伟华, 叶青莲, 等. 树番茄的生物学特性及栽培技术[J]. 广东农业科学, 2007, (12): 102~104.

81. 古丽西拉, 程祖强, 杨志华. 文冠果栽培技术[J]. 现代农业科技 2009, (17): 42~43.

82. 刘艳丽. 梧桐的栽培技术[J]. 农业科技与信息, 2009, (4): 38~40.

83. 邓朝义, 程坤. 小花清风藤造林技术的研究[J]. 林业实用技术, 2009, (11): 43~45.

84. 赖自武. 野生树头菜育苗及栽培技术[J]. 农业实用技术, 2005, (5): 18~19.

85. 杨小建, 王金锡, 胡庭兴. 中国构树资源的综合利用[J]. 四川林业科技, 2007, 28(1): 39~42.

86. 杨小录, 王瀚. 中国青荚叶属植物资源及其开发与利用[J]. 甘肃高师学报, 2010, 15(5): 28~30.

87. 魏彦. 珠海市树——红花羊蹄甲[J]. 广东园林, 1990, (3): 36~37.

88. 潘建平, 杜一新, 李永青. 大青木人工栽培技术. 农技服务, 2011, 28(11):

1622 ~ 1623.

89. 郭希才. 果桑栽培技术[J]. 蚕桑通报，1995，（3）：60 ~ 61.

90. 刘诗兵. 花椒栽培与管理[J]. 绿色科技，2013，（5）：72 ~ 74.

91. 孙香馥，张悦瑜，于效俊，等. 冀北山地三倍体山杨引种栽培技术研究[J].
    林业科技通讯，1997，（12）：7 ~ 11.

92. 唐春梓，林先明，由金文，等. 五加科药用植物资源征集、保存与利用研究
    [J]. 湖北农业科学，2007，46（4）：592 ~ 594.

93. 杜韧强. 五味子生长习性与修剪[J]. 农村科学实验，2007，（5）：10 ~ 11.

94. 李德芳. 银杏树的种植及管理[J]. 内蒙古农业科技，2007，（2）：115.

95. 曾小荣. 木薯栽培技术[J]. 现代农业科技，2011，（9）：81 ~ 82.

96. 郑皓. 葛藤栽培技术[J]. 河南林业科技，2006，26（1）：52 ~ 53.

97. 傅祝安. 降香黄檀栽培技术探讨. 绿色科技，2012，（1）：87 ~ 89.

98. 张瑞霞，沈晓琦. 百里香的栽培及利用. 内蒙古农业科技，2005，（1）：51.

99. 庞立铁，周玉清，荣建东. 寒区野生固沙植物杠柳的生态价值及栽培技术. 水
    土保持科技情报，2003，（3）：45 ~ 57.

100. 中国科学院《中国植物志》编委会. 中国植物志. 北京：科学出版社，1959 ~
     2004.